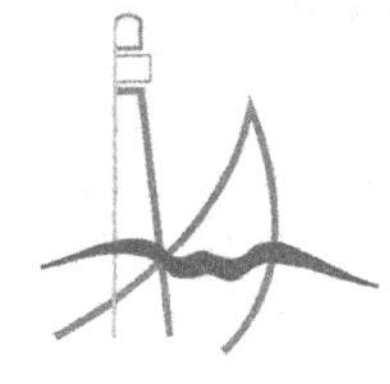

INTERADRIA
Culture dell'Adriatico

21

Collana diretta da
Silvana Collodo e Giovanni Luigi Fontana

«Infeliçe e sventuratta coca Querina»

I racconti originali del naufragio dei Veneziani nei mari del Nord

Edizione e note
a cura di Angela Pluda

viella

Prima edizione: febbraio 2019
ISBN 978-88-3313-099-6

Questo volume è pubblicato con il contributo del Dipartimento di Scienze Storiche, Geografiche e dell'Antichità dell'Università di Padova, nell'ambito del progetto di ricerca strategico "European and Venetian Renaissance (EVERE)", STPD11LHT4, Unità 4.

viella
libreria editrice
via delle Alpi, 32
I-00198 ROMA
tel. 06 84 17 758
fax 06 85 35 39 60
www.viella.it

Indice

ANDREA CARACAUSI E ELENA SVALDUZ
Introduzione. Venezia e i mari del Nord 7

ANGELA PLUDA
Un viaggio tra i testi del naufragio: Ramusio e gli altri 13

Il naufragio della cocca querina attraverso il racconto di Pietro Querini, patrone della nave 37

Il naufragio della cocca querina attraverso il racconto di Cristofalo Fioravante, uomo di consiglio, e Nicolò de Michiele, scrivano 69

Glossario dei termini marinareschi 89

Indice dei nomi dei nomi di persona e di luogo 93

Andrea Caracausi e Elena Svalduz

Introduzione. Venezia e i mari del Nord*

Questo volume si inserisce all'interno delle attività del progetto di ricerca EVERE "European and Venetian Renaissance", Progetto strategico finanziato dall'Università di Padova che ha visto coinvolti nel corso del quadriennio 2013-2017 quattro aree di ricerca (storia linguistica e letteraria, storia della filosofia, storia moderna e storia dell'arte) e quattro dipartimenti dell'Ateneo patavino (Dipartimento di studi linguistici e letterari – DiSLL, Dipartimento di Filosofia, Sociologia, Pedagogia e Psicologia applicata – FISPPA, Dipartimento di Scienze storiche, geografiche e dell'antichità – DISSGeA, Dipartimento di beni culturali: Archeologia, Storia dell'arte, del cinema e della musica – DBC). Obiettivo complessivo del progetto era di analizzare la civiltà rinascimentale, lo strettissimo e complesso rapporto che nel Rinascimento legava la storia della cultura e della civiltà veneta a quella europea, quando la Repubblica di Venezia si configurava come centro propulsivo e luogo d'incontro di correnti di cultura e lingua, di arte e pensiero.

Porsi la questione della posizione di Venezia nel più vasto quadro europeo rinascimentale significa analizzare la complessità dei percorsi di civiltà connessi ai fenomeni di scambio e interazione. La Repubblica marciana del resto si presentava, alla pari anche di altri Stati italiani, leader dal punto di vista tecnologico e delle produzioni culturali (editoria, vetro, setificio e arte pittorica su tutte). Figure come consoli, patrizi, mercanti e inventori si recavano in veste di ambasciatori ufficiali e ufficiosi in paesi che non erano ancora stati pienamente frequentati dalle figure dell'entourage politico veneziano (come in Svezia, Russia e Balcani). Ancor più decisivo era il legame instaurato da ambasciatori, consoli e mercanti nelle principali piazze di commercio, quasi sempre sedi di importanti corti europee.

La costituzione veneziana, sintesi di democrazia, aristocrazia e monarchia, assicurò la sopravvivenza di Venezia attraverso tutta l'età moderna permettendo la coesistenza, all'interno dello Stato, di gruppi diversi per linguaggio, religione e mentalità. I modi, i tempi e le vie di disseminazione di un modello veneziano, concepito in senso ampio, durante il Rinascimento si basava quindi su attori (ambasciatori, consoli, mercanti, intellettuali e dissidenti religiosi), così come su strutture (porti, navi, strade, città) che ne assicurarono la trasmissione e la ricezione

* Gli autori ringraziano Michela Dal Borgo per le gentili indicazioni e Giuseppe Gullino e Stefania Montemezzo per l'attenta rilettura del lavoro.

all'esterno. Attori che si spostavano di frequente, uscendo ed entrando dalla città emporio di merci (la Venezia rappresentata da Jacopo de' Barbari nel 1500 in piena attività) o varcando le porte delle principali città di terraferma. Non c'è dubbio che, anche quando le sue ragioni sono lontane da logiche di pura conoscenza o scoperta di nuovi mondi, il viaggio sia un potente veicolo di trasmissione e accelerazione di scambi. Marinai e mercanti veneziani ebbero un ruolo fondamentale nell'esplorazione di nuovi mondi. Sotto questo punto di vista il testo che qui presentiamo è del tutto eccezionale: è il resoconto del viaggio avvenuto tra 1431 e 1432 da Creta al Nord Europa, segnato dalla drammatica vicenda del naufragio della "cocca querina", dal salvataggio dei sopravvissuti e dal loro rientro a Venezia. In realtà, si tratta di tre resoconti dello stesso viaggio: il primo conservato alla Biblioteca Vaticana e per questo qui indicato come "manoscritto vaticano" dove lo stesso capitano Pietro Querini racconta in prima persona; il secondo conservato alla Biblioteca Marciana, qui definito "manoscritto marciano" scritto «per lo riferire» (l'umanista fiorentino Antonio di Corrado de Cardini che raccoglie il racconto di Cristofalo Fioravante e Nicolò de Michiele, rispettivamente consigliere e scrivano a bordo dell'imbarcazione); e ancora un secondo frammento marciano contenente la relazione di Querini. Come afferma Claire Judde de Larivière, autrice di una traduzione in francese dell'opera, la natura e la genesi dei documenti è del tutto incerta: siamo di fronte a «una curiosa commistione tra testimonianza, relazione di viaggio e racconto di edificazione morale».[1] Le due relazioni manoscritte furono in seguito riproposte a stampa da Giovan Battista Ramusio nel secondo volume delle *Navigationi et Viaggi* (1559).[2] A distanza di tempo, quest'ultima versione del racconto fu tradotta in lingua tedesca (Lipsia 1615, Francoforte 1784) e francese (Parigi 1788). Prima che Ramusio lo desse alle stampe, il viaggio di Querini veniva ricordato nel famoso mappamondo di fra' Mauro (1457-1459: «questa provincia di Norvegia scorse misier Piero Querino come e noto»).

L'eco della vicenda, dunque, risuonò a lungo e ben oltre i confini dello Stato veneziano, suscitando l'interesse degli studiosi. Il diario di viaggio fu segnalato dapprima a fine Ottocento e successivamente negli anni Trenta del Novecento nell'ambito di una serie di testimonianze di "viaggiatori veneti minori"; negli anni Cinquanta la figura di Pietro Querini veniva indagata in una mostra documentaria sui navigatori veneti insieme ai più famosi Pigafetta e Magellano.

Da allora non si è mai spento l'interesse per l'avventura vissuta tra 1431 e 1432 dai naufragi spinti in un'isola deserta delle Lofoten lungo la costa settentrionale della Norvegia, nel circolo polare artico.[3] Un interesse che sembra

1. Postfazione a *Il naufragio della Querina. Veneziani nel circolo polare artico*, a cura di Paolo Nelli, Roma, Nutrimenti, 2007, pp. 87-101, p. 89; *Naufragès*, traduit du vénitien par Claire Judde de Larivière, Toulouse, Anacharis, 2005.

2. Giovanni Battista Ramusio, *Navigazioni e Viaggi*, a cura di Marica Milanesi, vol. IV, Torino, Einaudi, 1983, pp. 51-98.

3. Carlo Bullo, *Il viaggio di M. Piero Querini e le relazioni della Repubblica veneta colla Svezia*, Venezia, Tipografia Antonelli, 1881; Pietro Donazzolo, *I Viaggiatori veneti minori. Studio bio-bibliografico*, Roma, Alla sede della Società, 1930, pp. 26-27; *Mostra dei navigatori veneti del*

tuttavia non aver tratto giovamento dalla più o meno coeva stagione di studi sul rapporto fra Venezia e il mare nel secondo Novecento.[4] Dopo una serie di racconti agiografici a loro volta generati dalle fonti quattro-cinquecentesche, per la prima volta le fonti manoscritte riconducibili al viaggio di Pietro Querini vengono qui date alle stampe integralmente e tra loro messe a confronto: il manoscritto vaticano è in parte collazionato con il frammento marciano; il manoscritto marciano a sua volta integrato con parti di testo dato alle stampe da Ramusio. Quella portata a termine da Angela Pluda è una paziente opera di collazione che trae origine dalla tesi di laurea discussa nel 2007 presso l'Università degli studi di Padova. Con molta determinazione Angela non ha mai abbandonato l'interesse filologico nei confronti del viaggio di Querini e la passione per la ricerca, riuscendo a sua volta a generare un nuovo strumento di ricerca rendendo disponibile la fonte a un pubblico più vasto di studiosi.

In assenza di un'edizione critica, molti sono stati i racconti ispirati, anche in tempi molto recenti, alla tradizione della narrativa di viaggio e legati per lo più a interessi di tipo gastronomico: la fortuna del diario è ancora oggi dovuta al racconto della pesca, della conservazione e del consumo dello stoccafisso.[5] Ma dal racconto trapelano altri aspetti, come il coinvolgimento emotivo, dovuto alla vicenda del naufragio che nelle arti come nella letteratura esercita da sempre un certo fascino: «gli uomini vanno sul mare giocati dai dadi», scriveva un autore portoghese del XVI secolo[6] ricordato da Gabriel García Márquez nel suo *Racconto di un naufrago* (1983).

Al di là del suo valore documentario, il resoconto del viaggio della "cocca querina" rappresenta un tassello importante non solo per il tema dei rapporti commerciali di Venezia con il Nord Europa e le conoscenze cartografiche a esso correlate, ma anche – da un punto di vista più socio-antropologico – per l'incontro con popoli sconosciuti e le modalità con cui entrarono in rapporto. Dal punto di vista commerciale bisogna in primo luogo ricordare come l'esperienza del Querini si legasse almeno in parte a un sistema già ampiamente in vigore, quello degli

Quattrocento e del Cinquecento, catalogo della mostra (Venezia, maggio-giugno 1957), Venezia, Officine Grafiche C. Ferrari, 1957, pp. 59-61. Sono segnalati da Marica Milanesi, curatrice del testo ramusiano, una parziale edizione moderna senza note in *Avventure e viaggi di mare*, a cura di Mario Spagnol e Giampaolo Dossena, Milano 1959; una traduzione norvegese in Kåre Fasting, *Skip uten ror: frit etter Piero Querinis beretning om den ulykkelige ferden fra Kreta tilt Røst i Lofoten vinteren 1431*, Bergen 1950.

4. Per un quadro generale, v. Ugo Tucci, *La storiografia marittima sulla Repubblica di Venezia*, in *Tendenze e orientamenti nella storiografia marittima contemporanea: gli Stati Italiani e la Repubblica di Ragusa (Secoli 14.-19.)*, Napoli, Lucio Pironti Editore, 1986, pp. 151-173; Andrea Caracausi, *Venezia e i traffici mediterranei in età moderna*, in «Archivio veneto», s. VI (2011), 1, pp. 7-25.

5. Per esempio: Franco Giliberto, Giuliano Piovan, *Alla larga da Venezia. L'incredibile viaggio di Pietro Querini oltre il circolo polare artico nel '400*, Venezia, Marsilio, 2008; *Il naufragio della Querina*.

6. «Quaderni portoghesi», 5 (1979), numero monografico dedicato al tema del naufragio, citato in Gabriel García Márquez, *Racconto di un naufrago*, Milano, Mondadori, 1983.

scambi europei fra Tre e Quattrocento. L'integrazione fra Europa settentrionale e meridionale, fra Baltico e Mediterraneo, era il risultato di contatti e interazioni frequenti che vedevano i porti di Bruges e Londra nodi centrali nello scambio di materie prime o prodotti finiti, quali lane, stagno, pelli dal Nord e spezie, cotoni e vini dal Sud, senza dimenticare tessuti, preziosi e altri generi alimentari che viaggiavano nell'uno o nell'altro senso. Questo incontro "europeo", è bene ricordarlo, altro non era se non un piccolo segmento all'interno di una ben più vasta rete di scambio che partiva dall'Estremo oriente e che, attraverso carovane di terra e vie di mare giungeva fino al Mediterraneo orientale, portando i ricchi e pregiati prodotti asiatici, i cui paesi (India e Cina su tutti) erano leader della produzione artistica e tecnologica mondiale. Un paesaggio quindi ben più ampio, dove la "piccola" Europa era ben lontana dall'essere al centro di questa rete, rimanendo invece il più delle volte debitrice nei confronti delle più avanzate economie orientali. Venti e tempeste regnavano sovrane all'interno di questo quadro, rendendo l'attesa (e la pazienza) uno degli elementi principali che un mercante doveva possedere.

Queste considerazioni sono necessarie per inserire l'esperienza, certamente importante, ma non certo episodica, del Querini all'interno di un quadro più ampio. In questo senso è possibile così cogliere due elementi. Il primo elemento è, come già si è ricordato, come il viaggio effettuato dal privato mercante con la sua cocca s'inserisse in un contesto d'interscambio già ben frequentato. Comprendiamo così meglio non solo la destinazione (Bruges) e i prodotti trasportati (vino), ma anche l'organizzazione degli scambi, come la presenza importante di una comunità veneziana a Londra (le figure di Cappello e Bragadin ne sono esempio). Un secondo elemento, invece, è funzionale a comprendere come il Mar Baltico fosse organizzato anch'esso in maniera autonoma e slegata dagli scambi con il Mediterraneo. In questo quadro assume così significato lo scambio dello stoccafisso, su cui vi erano grandi commerci con i tedeschi, che fungevano da mediatori degli scambi fra Bergen, l'Inghilterra, la Scozia, la Germania e l'Europa centro-orientale. Mercati che si svolgevano nelle isole Lofoten tramite baratto e senza bisogno di moneta. Fra Bergen e Vastena, poi, assistiamo alla presenza di innumerevoli reti di mercanti e viaggiatori, provenienti da molte nazioni, che ci mostrano la vivacità dei mari del Nord, i cui legami con il Mediterraneo sono spesso solo in parte osservati dalla storiografia, ma che meriterebbero di essere approfonditi anche in future ricerche.

Sotto questo punto di vista non sorprende osservare come proprio la consuetudine e la vivacità dell'esperienza legata ai contesti mercantili faciliti la descrizione dei luoghi, delle città e dei paesaggi attraversati. Nelle galee veneziane, lo scrivano di bordo è una figura importante anche per la registrazione dell'itinerario di viaggio sotto forma di "quaderno di bordo".[7] In questo caso il resoconto riguar-

7. Claire Judde de Larivière, *Naviguer, commercer, gouverner: économie maritime et pouvoirs à Venise: 15.-16. siècle*, Leiden, Brill, 2008, p. 47. *Quaderno di bordo di Giovanni Manzini prete-notaio e cancelliere (1471-1484)*, a cura di Lucia Greco, Venezia, Il Comitato editore, 1997.

da un itinerario "doppio", cioè sia marittimo che terrestre, dunque di notevole interesse (la "via Querinissima" potrebbe diventare una delle "Cultural Routes of the Council of Europe"). Sulla via del ritorno, infatti, la compagnia si divide.

Ovunque emerge una rete di riferimento, fatta di luoghi e di persone (preti, monaci, cittadini veneziani) che forniscono assistenza ai viaggiatori e notizie sulle tappe del viaggio. Informazioni utili per la conoscenza di territori e città, come quelle del Nord Europa. In una lettera non datata, ma presumibilmente scritta tra terzo e quattro decennio del Cinquecento, nel pieno dell'interesse per i testi legati ai "viaggi di scoperta" poi confluiti nelle *Navigationi*, Ramusio comunica ad Alvise da Mula[8] che «questo luoco che qui dentro si dice Hydrociensis diocesis [...] in volgar in quel paese di chiama Troudon et del 1434 vi andò un gentilhomo di Venetia che si chiamava per nome messer Pietro Querini», il quale «caminò dui mesi dilongo col giorno continuo et col sol verso mezogiorno...».[9] Si tratta di Trondheim, una delle città toccate da Querini nel viaggio di ritorno a Venezia, forse per la prima volta aggiornata nella nomenclatura geografica (Trendon) e segnalata nel manoscritto marciano per la presenza di «uno templo ornatissimo di santo Olavo».[10]

È sulla via del ritorno, verso Sud, che il testo registra un progressivo cambiamento nei paesaggi attraversati: da quello quasi desertico delle Lofoten all'Europa delle città. Centri di mercati, di contrattazione e di scambio, ma anche di fede. Un aspetto, quest'ultimo, che a giudicare dalle frequenti invocazioni misericordiose doveva essere particolarmente sentito dal Querini. In tema di devozione e pellegrinaggi, per esempio, nel viaggio di andata con tredici compagni abbandona Muros per a visitare «el tempio del beato Iacomo» cioè San Giacomo di Compostela; sulla via del ritorno quella dedicata a Santa Brigida a Vastena gli appare come una chiesa «nobelisima e stupenda». Nel resoconto del viaggio di ritorno la caratterizzazione delle città toccate avviene attraverso pochi tratti, che compongono una sintesi quanto mai efficace: come nel caso di Cambridge «tera grande dove li è studio in più facultà».

Il resoconto ci restituisce altri elementi molto importanti invece dal punto di vista sociale e antropologico. Il tema dell'accoglienza è sicuramente uno di questi: non solo per come si rapportano i locali nei confronti dei sopravvissuti allo sventurato viaggio, in cui morirono 35 dei 47 componenti dell'equipaggio, ma anche per il comportamento dei veneziani verso di loro. È così significativo come i sopravvissuti, una volta che si avvicinano ai locali, vogliano riportare le abitudini e i costumi delle schiave nei confronti dei loro padroni; un codice di comportamento che invece è rifiutato dai locali, che offrono loro rifugio, accoglienza e sostentamento. La percezione della nuova realtà e l'atteggiamento nei

8. Massimo Donattini, *ad vocem*, in *Dizionario Biografico degli Italiani,* 86, Roma, Istituto dell'Enciclopedia italiana, 2016.

9. Venezia, *Biblioteca del Museo Correr*, Collezione Wcovich-Lazzari, b. 49, n. 12.

10. Ramusio, *Navigazioni e Viaggi*, pp. 71-72: Querini e i compagni di viaggio sostarono per otto giorni «in Trondon» dove visitarono l'«ornatissimo tempio di S. Olavo».

confronti delle donne e degli uomini che abitavano quelle terre sono indubbiamente condizionati dallo *status* dei veneziani. Uomini liberi, mai giudicati sulla base di pregiudizi o logiche di civilizzazione verso i "selvaggi": si pensi a quanto trapelerà in questo senso dal giornale di bordo circa la "scoperta delle Indie" di Cristoforo Colombo.[11] Dal racconto di Querini emerge la visione di un mondo innocente e paradisiaco che, sebbene produca una sensazione di disagio e di estraneità («a confuxione et obrobrio de costumi italiçi»), suscita ammirazione e desiderio di conoscenza.

Ne esce un racconto etnografico ante-litteram delle usanze, religiose e comunitarie, ma anche la riconoscenza, impressa nel ricordo e nella certezza che, «se non fosse stata una così amorevole e pietosa accoglienza», la compagnia avrebbe trovato morte certa. Nell'apprezzare la generosa accoglienza, lo spirito di carità e infine i costumi dei pescatori norvegesi che prestano soccorso ai naufraghi («fummo trattati umanamente...»[12]), i sopravvissuti ci invitano in un certo senso a riflettere su temi di grande attualità come quello del soccorso in mare e dell'accoglienza ai naufraghi/profughi, nel momento in cui al centro della narrazione non è tanto l'azione di salvataggio, quanto la riconoscenza e la gratitudine di chi la subisce per di più in maniera del tutto inaspettata. Ci accolsero come «forestieri in bisogno»: il racconto ritorna più volte sulla percezione dello sconosciuto da parte di chi si trova ad accoglierlo.

Con la pubblicazione di questa fonte, quindi, ci proponiamo non solo di stimolare nuovi percorsi di ricerca fra storia urbana e storia economica e sociale, ma anche di suggerire alcune riflessioni sull'opportunità di ricostruire vicende storiche attraverso strumenti filologici, per comprendere la complessità di contesti stimolati da continue interazioni tra le diverse regioni del mondo.[13]

11. Cristoforo Colombo, *Giornale di bordo del primo viaggio e della scoperta delle Indie*, introduzione di Fausta Antonucci, Rizzoli, Milano, 1992.

12. Ramusio, *Navigazioni e Viaggi*, pp. 68-69.

13. Segnaliamo in quest'ultima ottica il progetto internazionale "Via Querinissima", promosso dalla Regione Veneto per ottenere l'ambito titolo di "cultural route" dal Consiglio d'Europa, al quale abbiamo aderito con l'intento di veicolare una storia, quella di Pietro Querini e dei suoi compagni, che mostra una realtà europea anche solidale e senza barriere, da Nord a Sud.

Angela Pluda

Un viaggio tra i testi del naufragio: Ramusio e gli altri*

> Pietro Querini, figliuolo di Francesco quondam Pietro. Velleggiando per li mari del Settentrione, patì gravissimo e crudele naufragio [...] poiché sbattuto per le coste della Norvegia e della Svetia miracolosamente salvossi con soli nove compagni, nelle spiaggie della Norvegia, essendo tutti gl'altri, parte annegati, parte periti per fame, come si raccoglie dalla descrittione, che de suoi viaggi lasciò scritta.[1]

In poche righe Girolamo Alessandro Cappellari, paziente compilatore settecentesco, sintetizza il vero tratto distintivo della vita di quello che altrimenti sarebbe soltanto uno tra i molti, certo illustri, Querini che affollano l'albero genealogico di tanta e tale famiglia patrizia veneziana; un uomo che, da quanto risulta dai pochi documenti che parlano di lui reperiti all'Archivio di Stato di Venezia, pare abbia anche avuto una brillante carriera politica in seno alla Serenissima, conclusasi con la morte poco dopo il 1448, anno in cui fu eletto nel Senato della Repubblica per la terza volta.[2] Eppure la fama gli derivò proprio dalla terribile esperienza di cui fa cenno il Cappellari: un tragico naufragio che egli patì tra il 1431 e il 1432 durante un viaggio d'affari alla volta delle Fiandre e di cui egli lasciò un resoconto, poi rimaneggiato e inserito dal letterato trevigiano Giovan Battista Ramusio nella sua vasta raccolta di testi di viaggio stampata a Venezia tra il 1550 e il 1559, e in questa forma giunto fino a noi.

* Questo lavoro è il frutto di una rielaborazione e di un aggiornamento della mia tesi di laurea intitolata *Ricerche sulla relazione di viaggio di Pietro Querini. 1431*, scritta con la supervisione del prof. Manlio Pastore Stocchi e discussa il 2/07/2007 presso l'Università degli Studi di Padova.

1. Venezia, Biblioteca Nazionale Marciana, It. VII 17 (8306), c. 260 r.: si tratta del terzo dei quattro volumi del *Campidoglio Veneto* di Girolamo Alessandro Cappellari Vivaro: contenuto dell'opera e descrizione codicologica sono contenuti in Pietro Zorzanello, *Inventari dei manoscritti delle Biblioteche d'Italia*, LXXXI, *Venezia – Marciana. Manoscritti italiani cl. VII (nn. 1-500)*, a cura di Giulio Zorzanello, Firenze, Olschki,1956, pp. 6-7.

2. In *Mostra dei navigatori veneti del Quattrocento e del Cinquecento. Catalogo*, a cura della Biblioteca Nazionale Marciana e dell'Archivio di Stato di Venezia, Venezia, s.n., 1957, pp. 59-61 si trova l'elenco dei documenti presenti nell'Archivio di Stato di Venezia riguardanti Pietro Querini, e la loro collocazione, benché approssimativa per essere ormai troppo datata. Nella fattispecie, ho trovato notizie su Querini in: Venezia, Archivio di Stato, *Balla d'oro, Avogaria di comun*, reg. I, 162, f. 177 r.; Venezia, Archivio di Stato, *Segretario alle voci*, *Misti*, reg. 4, f. 27 r.; Venezia, Archivio di Stato, *Segretario alle voci*, *Misti*, reg. 4, ff. 99 r., 117 v., 122 v.

Nel secondo volume della cinquecentina[3] e nel quarto volume dell'edizione moderna,[4] a dire il vero compare un duplice resoconto, cioè il *viaggio del magnifico messer Piero Quirino, gentiluomo vinitiano, nel quale, partito di Candia con malvagie per ponente l'anno 1431, incorre in uno orribile et spaventoso naufragio, dal quale alla fine con diversi accidenti campato, arriva nella Norvegia e Svezia, regni settentrionali,*[5] riferito prima dallo stesso capitano della nave, cioè Pietro Querini, e poi *descritto per Cristoforo Fioravante et Nicolò di Michiel, che vi si trovarono presenti.*[6]

La storia che ci racconta Ramusio attraverso queste due relazioni è appassionante e oggi abbastanza nota, ma val la pena ricordarla in sintesi.

Il terribile naufragio della "cocca querina"

La "cocca querina" – ci raccontano i testi delle relazioni di Querini e di Fioravante e de Michiele – parte da Candia[7] nell'aprile del 1431 carica di vino cretese

3. Roma, Biblioteca Casanatense, BB V 8, cc. 199 v.-211 r., disponibile anche all'url https://goo.gl/XPFY3W (ultima consultazione in data 29/08/2018).

4. Giovanni Battista Ramusio, *Navigazioni e Viaggi*, a cura di Marica Milanesi, vol. IV, Torino, Einaudi, 1983, pp. 51-98.

5. Ivi, p. 51.

6. Ivi, p. 79. Non si sa nulla dei suoi due compagni di navigazione, se non il loro ruolo all'interno della cocca: Cristofalo Fioravante è «omo de consiglio» del capitano, Nicolò de Michiele è lo scrivano. Nei testi delle relazioni si evince che i loro destini rimarranno legati a quelli del Querini fino a Göteborg, in Svezia, poi i due prenderanno per Venezia tramite la Germania, mentre il capitano ed altri sette marinai troveranno un passaggio per l'Inghilterra. Nella Postfazione di Claire Judde de Larivière a *Il naufragio della Querina. Veneziani nel Circolo Polare Artico*, a cura di Paolo Nelli, Roma, Nutrimenti, 2007, pp. 87-101, a p. 100 viene citato «un documento del Collegio, un'assemblea veneziana presso la quale Cristofalo Fioravante si candida, nel dicembre 1432, solo due mesi dopo il suo ritorno, per diventare ufficiale a bordo delle galere pubbliche».

7. Candia, attuale Creta, isola acquistata dalla Serenissima nel 1204, dove Querini aveva un feudo, era sfruttata da nobili e mercanti veneziani sia come tappa intermedia dei traffici in Oriente sia per la produzione di vino e delle botti, e poi delle stesse navi che servivano per trasportare i prodotti locali verso Levante e Ponente. L'isola abbondava, infatti, di boschi di cipressi, da cui la madrepatria ricavava gran parte del legname. In Bernard Doumerc, *Le galere da mercato*, in *Storia di Venezia. Il mare,* vol. XII, a cura di Alberto Tenenti, Ugo Tucci, Roma, Istituto della Enciclopedia Italiana, 1991, pp. 357-395, p. 366, si sottolinea che che «ogni anno, alla fine dell'estate, un convoglio di navi mercantili conforme ai regolamenti dettati dal Senato lascia Venezia per Creta [...] donde porterà le botti di quel vino famoso nell'Europa intera che talvolta raggiungono direttamente le Fiandre o l'Inghilterra». La nave di Querini, tuttavia, non fa parte di un convoglio: la sua cocca viaggiava da sola alla volta delle Fiandre, usufruendo della libera navigazione, anche se la rotta utilizzata ricalcava quella delle "mude". Cfr. *Giovanni Foscari, Viaggi di Fiandra 1463-1464 e 1467-1468*, a cura di Stefania Montemezzo, Venezia, La Malcontenta, 2012, pp. 39-41. Per saperne di più sulle "mude", interessante l'analisi in Michela Dal Borgo, *La muda di Fiandra*, in *Non solo spezie. Commercio e alimentazione fra Venezia e Inghilterra nei secoli XIV-XVIII*, catalogo della mostra (Venezia, 3 dicembre 2016-8 gennaio 2017), Venezia, Lineadacqua, 2016, pp. 55-68. Per una sintesi del resoconto del naufragio di Querini si veda anche Michela Dal Borgo, *Pietro Querini: dalla malvasia allo stoccafisso*, sempre in *Non solo spezie*, pp. 39-42.

destinato a essere commerciato nelle Fiandre; avendo incontrato le prime difficoltà già al largo delle coste del Nord Africa, la compagnia è costretta, per riparare le fratture, a fare una sosta a Cadice, da cui riparte verso la metà di luglio, accresciuta per altro di nuovi uomini che in un momento, com'era quello, di tensione tra Genova e Venezia potevano servire da "combattenti". Così centododici marinai si mettono in mare e dopo un'altra serie di vicissitudini, tra cui una deviazione alle allora "spaventose" Canarie, sbarcano dapprima a Lisbona a fine agosto, sia per procedere a ulteriori riparazioni sia per fare rifornimento di viveri, e in seguito a Muros, per permettere al capitano e ad alcuni compagni di recarsi in pellegrinaggio a Santiago de Compostela: si tratta però di una breve sosta, perché dopo un paio di giorni, cioè a fine ottobre, la ciurma si reimbarca con l'intenzione di costeggiare la Francia fino alla punta del Finistère e da lì dirigersi nel canale delle Fiandre. Ma, poco prima di entrarvi, circa all'altezza dell'isola d'Ouessant, la nave deve affrontare un violento fortunale e viene sospinta al largo. Qui ha inizio la tragedia: la direzione del vento impedisce l'avvicinamento alla terra; l'imbarcazione ha subito gravi fratture, a cui si aggiungono quelle provocate appositamente dai marinai per alleggerire il carico e per evitare così l'affondamento; il cibo inizia a scarseggiare e viene frazionato; gli uomini sono spossati, impauriti, affamati. Il capitano riesce a convincerli ad abbandonare la nave e a montare sulle due scialuppe di salvataggio per scampare da una morte sicura e tentare l'unica via che offre ancora speranza, anche se ciò significa la spartizione dei già pochi viveri e, fatto non meno doloroso, la separazione dei compagni. Solo una delle due scialuppe, quella che ospita il Querini, alla fine riuscirà a raggiungere la terraferma, sbarcando su una delle isole Lofoten, sulla costa occidentale della Norvegia, al di là del Circolo Polare Artico; qui i superstiti, le uniche undici persone scampate alla fame, alla sete, al freddo, agli stenti, conseguono, dopo alcuni giorni trascorsi al limite della sopravvivenza, la salvezza grazie al loro ritrovamento casuale da parte della popolazione indigena che viveva durante l'inverno nell'isolotto vicino a quello dello sbarco. Per tre mesi, dall'inizio di febbraio fino a maggio, i nostri trovano accoglienza presso le famiglie del villaggio e hanno modo di conoscere i particolari usi e i costumi (tra cui la famosa ricetta dello "stocfis"), minuziosamente descritti in entrambe le relazioni del viaggio, di quella sconosciuta parte del mondo, che pare ai loro occhi il «primo zerchio de paradixo, a confuxione et obrobrio de costumi italiçi».[8]

Querini e i suoi compagni, nel mese di maggio, in occasione degli scambi commerciali che i pescatori di Røst intrattenevano a Bergen, intraprendono il viaggio di ritorno. Le tappe del viaggio sono anche di tipo religioso: la prima tappa, raggiunta in quindici giorni di navigazione, è Trondheim, dove il giorno dell'ascensione di Gesù di quell'anno (intorno al 30 di maggio) i nostri fanno una capatina alla cattedrale di Sant'Olav, dove vanno a venerare le spoglie del santo come tanti pellegrini del Nord Europa. A Trondheim, utilizzando il latino, lingua ancora conosciuta e parlata dai mercanti almeno fino agli inizi del Seicento, Querini riesce a ottenere

8. Espressione utilizzata all'interno della relazione di Fioravante e de Michiele nel manoscritto di Venezia, Biblioteca Nazionale Marciana, It. VII 368 (7936).

aiuti e indicazioni per il viaggio, sempre sottolineando la generosità di tutti coloro che incontra viaggiando in questi Paesi del Nord, tanto che non mancano mai né cibo né alloggio per la notte né cavalcature. A causa di una guerra in corso tra Alemanni e Norvegesi, ai viaggiatori viene consigliato di recarsi in Svezia, al castello del cavaliere veneziano Zuan Franco. Nel viaggio verso il castello di Stegeborg, dove abita il cavaliere veneziano, la compagnia sosta a Vadstena, la terra natale di Santa Brigida. Querini non manca di descrivere la bellissima chiesa costruita in suo onore, visitata sia per ricevere l'indulgenza plenaria come molti pellegrini di allora, sia per cercar notizie di un passaggio per mare verso la Germania o l'Inghilterra. La compagnia scopre così che a otto giornate di cammino, presso "Lodese"[9] (l'odierna Göteborg), partono due navi, una verso l'Inghilterra e una verso la Germania. Nicolò de Michiele, Cristofalo Fioravante e un altro compagno optano per la Germania, mentre Querini e gli altri sette compagni si imbarcano per l'Inghilterra il giorno 13 settembre. La navigazione procede senza intoppi fino a King's Lynn, e da lì fino a Cambridge (dove Querini nomina la famosa università) via fiume: qui i viandanti si recano a messa la domenica in un bel monastero dove un monaco benedettino, una volta saputa la loro origine e conosciute le loro disavventure, dona loro una grossa elemosina, confidando di ricevere dal capitan Querini una buona accoglienza quando si recherà a Venezia per imbarcarsi per il Santo Sepolcro.

Questi semplici dettagli ci fanno capire in modo immediato come fosse importante nel Medioevo costruire una rete di relazione quando ci si metteva in viaggio: inoltre, ben si intende dall'esperienza dei nostri veneziani quale rilevanza anche sociale avesse la chiesa medievale. In ogni luogo calcato dal Querini ci viene raccontato di preti, monaci, religiose che scandiscono con riti e celebrazioni la vita degli abitanti, danno ospitalità a mercanti e pellegrini e comunicano con loro (se dotati di un minimo di cultura) attraverso la lingua latina. Le innumerevoli chiese e i tanti monasteri che costellavano tutto il territorio europeo offrivano una struttura ricettiva insostituibile non solo per la salvezza della propria anima.

Tappa successiva: Londra (a un giorno di distanza da Cambridge): qui Pietro e i compagni si sentono quasi a casa. Le terre sconosciute sono terminate: ora hanno ritrovato l'usuale strada del ritorno. Ormai non è più necessario scendere nei dettagli e indicare il percorso seguito: i contemporanei del Querini lo conoscevano benissimo. Sappiamo così solo che in quarantadue giorni attraversano la Germania e arrivano all'amato porto di Venezia. Secondo la narrazione di de Michiele e Fioravante, siamo a gennaio del 1433.[10] Inoltre, veniamo a conoscere qualche aneddoto o aspetto curioso relativo ai protagonisti del racconto: Pietro Querini, dopo l'esperienza del

9. Così viene indicato tale toponimo nel manoscritto di Roma, Biblioteca Apostolica Vaticana, Vat. Lat. 5256, ad es. a c. 54 r. Nel manoscritto marciano citato nella nota precedente, compare nelle cc. 26 v. e 27 r. «Lodexa». Da c. 27 r. è anche tratto il successivo toponimo «Storich».

10. Tra le due relazioni di viaggio ci sono delle incongruenze su nomi e numero delle persone coinvolte e sulle date, come viene sottolineato anche nella Nota del curatore a *Il naufragio della Querina*, p. 13; nella Postfazione di Judde De Larivière, p. 91 viene avanzata l'ipotesi che sia Querini che Cardini, il trascrittore del resoconto di viaggio del Fioravante e del de Michiele, «abbiano cercato, come era frequente, di far corrispondere i fatti con una serie di cifre simboliche».

naufragio, si era rinvigorito, mangiava di gusto e non era più sempre malaticcio e cagionevole di salute come prima; si erano irrobustiti anche i nobili Francesco Querino figlio di Giacomo, Pietro Gradenigo figlio di Andrea, diciottenne, e Bernardo di Carlieri, il quale, tornando a casa, si era ritrovato la moglie, che credeva fosse morto, sposata con un altro, e la poveretta, per preservare l'onore, aveva dovuto rinchiudersi in monastero. E poi si erano salvati Alvise di Nassi, penese della "cocca querina", e i marinai Andrea de Piero, ser Nicolò da Otranto e un tal Urialo Aniso Lapello, e infine il famiglio del capitano, Nicolò Querini, che più che altro gli faceva da balia, si aggiunge ironicamente nel testo di de Michiele e Fioravante.

Spetta al Ramusio il merito di aver salvato dall'oblio questa storia eccezionale, che non solo sa coinvolgere emotivamente, ma che offre anche, attraverso gli occhi di un uomo del tempo, uno spaccato della vita dura, rischiosa, imprevedibile e piena di sorprese del mercante veneziano; tuttavia, il recupero di alcuni manoscritti antecedenti alla redazione ramusiana e quindi disponibili come fonti per il nostro editore[11] ha permesso di scoprire che questi ha rielaborato, rimaneggiato, talvolta pesantemente, e "corretto" gli originali alla luce dei propri canoni stilistici, linguistici e grammaticali, presumibilmente con il supporto di altri testi per integrare e ingrossare la narrazione, compiendo un'operazione filologicamente illecita, benché letterariamente efficace e pienamente giustificabile nel suo intento di rendere la storia ben più leggibile.

Se, quindi, compiamo un percorso a ritroso e, partendo dal Ramusio, ci accostiamo ai testi originari consegnatici dalla tradizione manoscritta, abbiamo l'occasione sia di apprezzarne l'immediatezza linguistica e narrativa (nonché il fascino della maggior veridicità che ne consegue) sia di valutare l'operato del letterato trevigiano.

Le fonti delle relazioni ramusiane: i manoscritti

Come abbiamo ricordato, il racconto del naufragio della "cocca querina" è duplice, uno fornito dallo stesso capitano della nave, il patrizio veneziano Pietro Querini, l'altro da Cristofalo Fioravante e Nicolò de Michiele che facevano parte dell'equipaggio.

La trasmissione del testo che racconta il naufragio secondo la versione di Querini è affidata, per quanto è dato sapere finora, a due soli manoscritti: una miscellanea conservata alla Biblioteca Vaticana[12] e, in maniera frammentaria, a un codice, miscellaneo anch'esso, della Biblioteca Marciana.[13]

11. Elena Svalduz, *Luoghi incogniti e spaventosi: su alcuni itinerari di viaggio veneti quattro-cinquecenteschi alla scoperta del "nuovo"*, in «Ateneo Veneto», CCIV, III s., 16/II (2017), pp. 69-86, apre uno scorcio sulla rete di scambi di dati e informazioni che legava Ramusio ad altri letterati del tempo appartenenti alla cerchia di Pietro Bembo.

12. Roma, Biblioteca Apostolica Vaticana, Vat. Lat. 5256, cc. 42 r.-56 r.

13. Venezia, Biblioteca Nazionale Marciana, It. XI 110 7238, cc. 25 r.-46 v.

È difficile stabilire la datazione precisa della confezione dei testi che qui interessano. Quello marciano è acefalo e mutilo, dunque mancante di *incipit* ed *explicit* da cui ricavare qualche minima notizia sul copista e sul tempo e il luogo in cui egli si colloca. Il testo vaticano sembra, anch'esso, iniziare *ex abrupto*, senza un *titulus* o una data o un nome, ma immediatamente con la solenne apertura di lode a Dio da parte dell'autore, seguita dalla dedica dell'opera ai posteri. Qui è presente invece l'*explicit*, che, però, ancora una volta non dice nulla sul copista: semplicemente puntualizza il contenuto del libro appena concluso ripetendo l'anno dello svolgimento dei fatti narrati. Tuttavia è possibile ipotizzare che entrambi i testi non travalichino la soglia del XVI secolo.[14]

Un terzo manoscritto, sempre conservato a Venezia nella Biblioteca Nazionale Marciana,[15] contiene invece la relazione del *Naufragio della coca quirina* (titolo apposto all'interno del piatto di legatura) composta dal fiorentino Antonio di Matteo di Corrado de' Cardini «per lo riferire» di Cristofalo Fioravante e di Nicolò de Michiele. A conclusione del testo (c. 28 v.), compare, dopo la parola *finis* apposta da Antonio di Andrea di Corrado, la nota del copista Antonio Vitturi, in cui egli sottoscrive di aver copiato questa relazione l'8 ottobre 1480 a Venezia nella contrada di San Simeone. Ciò significa che questo manoscritto è copia da un antigrafo, di cui per ora non si conosce l'esistenza.

I testi delle relazioni contenuti in questi manoscritti sono redatti in un dialetto veneto schietto, non mediato dal controllo formale tipico della lingua scritta, genuino a tal punto che sembra costituire un autentico assaggio del modo di parlare dei marinai e dei mercanti dell'epoca; certo, il capitano doveva avere un discreto livello di istruzione, perché in vari punti della sua narrazione – per cui prendiamo in considerazione il manoscritto Vat. Lat. 5256 che d'ora in poi chiameremo "vaticano" – egli stesso dichiara di conoscere il latino, tuttavia non rinuncia in questo contesto a utilizzare la lingua di tutti i giorni entro una sintassi che procede perlopiù per giustapposizione di frasi (a scapito della chiarezza del testo, che risulta quindi di difficile comprensione), soprattutto coordinate con qualche subordinata causale o concessiva; quando nei punti cruciali della narrazione (come in apertura, per esempio, dove l'autore si rivolge a Dio) il tono si innalza, il lettore assiste alla messa in atto di una pomposa retorica non padroneggiata e mal gestita, che non ha altro esito se non quello di contorcere ulteriormente le fila del discorso. A ciò si aggiungano l'infarcitura del testo con il lessico tecnico del gergo marinaresco e la sua tipica coloritura veneta, come la grafia -x- in luogo della consonante

14. Per la descrizione codicologica del frammento marciano si veda *Mostra dei navigatori veneti del Quattrocento e del Cinquecento. Catalogo*, a cura della Biblioteca Nazionale Marciana e dell'Archivio di Stato di Venezia, Venezia 1957, p. 59, secondo cui esso è del XV secolo.

15. Venezia, Biblioteca Nazionale Marciana, It. VII 368 (7936), codice cartaceo del XV secolo di 28 carte, precedute e seguite rispettivamente da 8 e da 10 carte bianche, in carattere rotondo corsivo con *incipit* e iniziali in rosso. Per una più completa descrizione codicologica si veda P. Zorzanello, *Inventari dei manoscritti delle biblioteche d'Italia*, LXXXI, *Venezia – Marciana. Manoscritti italiani cl. VII (nn. 1-500)*, ed. postuma a cura di G. Zorzanello, Firenze 1956, pp. 119-120.

sibilante sonora, la grafia -ç- per -z- o per la semplice palatale sorda, e tutte le incertezze riguardanti l'utilizzo delle scempie e delle geminate.[16]

La stessa veste dialettale, però, stupisce nella relazione del Fioravante e del de Michiele del manoscritto It. VII 368 (7936) – che d'ora in poi chiameremo "manoscritto marciano" – se si rammenta che il trascrittore del testo è un fiorentino (Antonio di Matteo di Corrado de' Cardini) che non lascia alcuna traccia della sua lingua di provenienza: è lecito chiedersi, dunque, se sia stato il copista, cioè Antonio Vitturi, a eliminare gli eventuali fiorentinismi presenti – massicciamente presenti, verrebbe da pensare – nel suo antigrafo o se effettivamente quest'ultimo sia stato copiato in modo fedele, nel rispetto di una forma già impressa dal copista fiorentino, che risulta da alcuni studi, invero un po' datati, essere da poco residente in città al momento della stesura della relazione.[17] Forse il dubbio si risolve in favore della seconda ipotesi se vogliamo intravedere nella precisazione incipitaria sulla natura della «compilazione» (composta «per lo riferire» di Fioravanti e di Nicolò di Michiele) la preoccupazione, espressa dal copista fiorentino alla fine del suo scritto, che la veridicità della storia non venga messa in discussione dalla scarsa cura formale e dalla «confusione» con cui i fatti sono stati narrati (ragion per cui egli si affretta a sottolineare che i superstiti del naufragio tornati a Venezia «retificano zirca questo asserto tute le cosse narate et confusamente inserte per mi Antonio di Corado antiscripto»[18]). Non sembra del tutto azzardato credere, insomma, che Antonio di Matteo di Corrado abbia dovuto (magari per ragioni burocratiche, nell'ambito delle operazioni di accertamento da parte dell'assicurazione per il pagamento dell'indennizzo per il naufragio) o, forse, voluto[19] (egli scrive, infatti,

16. La veste grafica della lingua qui usata è simile a quella descritta in Roman Sosnowski, *Remarks on the Language of Chirurgia Parva of Lanfranc of Milan in the Manuscript Ital. Quart. 67*, in «Studia Linguistica Universitatis Iagellonicae Cracoviensis», 130 (2013), pp. 297-308, in cui si prende in esame un manoscritto di provenienza veneta probabilmente del XIV-XV secolo.

17. In Francesco Flamini, *Andrea Moschetti, «Due cronache veneziane rimate del principio del sec. XV»*, in «Giornale storico della letteratura italiana», 32 (1898), pp. 196-205 è spiegato che il fiorentino Antonio di Matteo di Corrado della famiglia de' Cardini nacque nel 1383, venne registrato probabilmente intorno agli anni venti del Quattrocento come iscritto alla «scuola de meser sen christoforo di mercadanti», scrisse una cronaca veneziana prettamente in lingua veneta che celebrava le glorie della Repubblica e grazie ad essa ottenne come riconoscimento, il 10 giugno 1445, una concessione dalla Signoria; della sua opera, intitolata *Corona Venetorum*, non sembrano essere rimasti manoscritti, se non in forma di *Compendio*, composto dallo stesso Antonio di Matteo di Corrado nel 1447; *ibidem*, in una nota, Flamini ci dice che dalle sue ricerche sembra di poter ricavare che nel 1427 il nostro cronachista fosse ancora a Firenze; comunque, conclude Flamini, egli risulta residente a Venezia alla fine del 1432, cioè al momento della stesura del resoconto del naufragio. Ci si domanda allora in questa sede, alla luce degli ormai datati studi di Flamini, se nell'antigrafo la lingua madre del compilatore riaffiorasse in modo più invasivo rispetto a quanto non si veda nel manoscritto marciano che ne è copia. Purtroppo il fatto che non ci sia rimasta la testimonianza dell'intera *Corona Venetorum*, composta sicuramente prima del 1445 e dunque forse non troppo linguisticamente lontana dalla *Compilazione*, ci impedisce di operare confronti significativi tra le due opere.

18. Marciano It. VII 368 (7936), c. 28 r.

19. Nella Postfazione a *Il naufragio della Querina*, pp. 90-91, la studiosa Claire Judde de Larivière condivide questa incertezza, in particolare relativamente alla motivazione e al destina-

a c. 1 r., «ricordare **me piaçe** uno crudel viagio di innumerabilli et extremi caxi pieno...») riportare il racconto esattamente come gli è stato riferito, sotto dettatura, per compiere una registrazione assolutamente fedele nella forma e nella sostanza, e quindi *vera* dei fatti narrati.[20]

Anche la presa in esame dei manoscritti che trasmettono la relazione del Querini fa sorgere alcuni interrogativi. Innanzitutto ci si chiede se il manoscritto vaticano possa essere autografo, sia in ragione della scrittura (che pare una scrittura personale, non riconducibile ad alcuna scrittura canonica), sia per alcune correzioni che compaiono ai margini delle carte, non motivate da errori di copiatura, bensì, pare, dalla scelta di un sinonimo o di un altro *modus dicendi*, operazione propria più di un autore che di un copista: a c. 44 r., per esempio, il verbo «spuoté», marcatamente dialettale, è sostituito dal sinonimo «zervete», intervento di natura affine a quello che si trova nelle prime righe della stessa carta, dove alla «straviata nave» è preferito «travagliata nave». Ancora, a c. 44 v., quando si descrivono le pessime condizioni della nave, si dice che essa finiva «reimpita de convegnevolo pondo», espressione che va a connotare la più banalmente *litteralis*, e dunque cancellata, «reimpita d'aqua».

Certo i dubbi permangono, soprattutto se si considerano due altri aspetti: innanzitutto la natura di altre correzioni o cancellature, che fanno pensare a un copista che si è accorto di aver mal interpretato il suo antigrafo: ad esempio, a c. 43 v. si legge che Pietro, ormai rassegnato al fatto che presto la morte sarebbe certamente giunta, «con parole» procurò di occuparsi della salvezza spirituale propria e altrui; la lezione alternativa «corporale» (aggettivo riferito a «morte») proposta a margine del testo, pur affievolendo l'icasticità della descrizione di un capitano che si prodiga, fidando sulla propria abilità retorica, di convincere i suoi uomini, specie quelli meno timorati di Dio, a preoccuparsi della salvezza della loro anima, rende più chiara la struttura del discorso, mettendo in risalto la contrapposizione tutta cristiana tra morte corporale e morte spirituale. Correzioni come questa insieme alle numerose aggiunte di una o più parole a margine del testo possono suonare come dimenticanze da parte di un copista distratto.

È, secondariamente, da tenere in considerazione la possibilità di sospettare che le note al testo siano, almeno in alcuni casi, di un'altra mano, dotata di una

tario della scrittura di entrambe le relazioni, poiché mancano documenti dell'epoca che facciano riferimento a un processo o comunque a un'indagine giudiziaria.

20. L'ipotesi della trascrizione simultanea alla narrazione orale delle vicende spiegherebbe, poi, come sia stato possibile per un fiorentino da poco trasferitosi a Venezia, almeno secondo gli studi di Flamini (cfr. nota 31), stendere un'opera in perfetto veneziano, rinunciando alla sistemazione successiva della morfologia e della sintassi forse per la semplice ragione che egli, in possesso, allora, di una conoscenza passiva della lingua veneta ma non ancora o non pienamente attiva, non fosse in grado di attuarla senza ricorrere massicciamente alla propria lingua madre e senza così stravolgere la testimonianza originale degli intervistati; si potrebbe, inoltre, alla luce di questa ipotesi, interpretare i doppioni grafici di tanti lessemi (per esempio, per citare solo i più frequenti, «mare»/«marre» o «vela»/«vella») e il diverso utilizzo, anche qui spesso nelle stesse parole, di -ç-, -z-, -s-, -x- come la prova di una grande incertezza sul modo di mettere per iscritto una lingua di cui fino a quel momento si aveva avuto un'esperienza unicamente orale.

scrittura, parrebbe, più matura, che potrebbe essere sia quella dell'autore che a distanza di tempo abbia voluto revisionare, in parte,[21] il testo, sia quella del copista che, essendo successivamente venuto in possesso di un'altra copia con varianti, abbia segnato queste ultime a margine, sia, forse, quella del Ramusio, intervenuto o sulla base di un'altra copia, o di propria iniziativa, per eliminare gli eventuali errori (del copista o dell'autore) *ope ingenii* e i termini troppo dialettali. Il Ramusio, del resto, può avere avuto tra le mani questo testo, o essersi interessato almeno alla prima porzione di esso, quella ricca di postille, tra cui figura, peraltro, una numerazione da uno a sei in cifre arabe, segno di uno studio o di un approfondimento di un certo aspetto della narrazione.

Tutti questi controlli e revisioni non annullano, tuttavia, il carattere di trascuratezza e di instabilità sintattica che l'esposizione spesso assume, come la dimenticanza dei verbi reggenti dopo un susseguirsi interminabile di gerundi o repentini cambi di soggetto e proposizioni anacolutiche, oppure ancora numerosi refusi, cancellature e ripetizioni, specie a cavallo fra due righe. La stessa grafia, via via che l'opera prosegue, si fa sempre più sbrigativa. Caso esemplare di questa trascuratezza si trova nell'ultima carta, 55 v., dove il testo ristagna nella ripetizione continua degli stessi sintagmi:

> ...in zorni 42 amplicaxemo al desiderato porto de la patria nostra, al'alma zità de Venesia, dove fu consumato et aprovata la esaudizion fata da me per lo misericordioxo Signor Dio, interzedendo lo glorioso miser santo Agustin, la orazion che io per zorni 40 a zenochi nudi avanti el cruzifiso, a zenochi nudi avanti el cruzifiso, a zenochi nudi divotamentie aveva aplicata con speranza e fede di esser esaudido, segondo la promision di la rubrica sopra scrita in dita orazion, che cuxì in parole dize cui dirà la orazion sotoscrita divotamentie avanti el cruzifiso zorni 40 a zenochi nudi dimandando al Salvatore coxa onesta e saudito serà, e cusì la dixe...

Un simile inceppo può essere stato prodotto o da un autore che magari abbia interrotto più volte la stesura del testo e che poi vi ci sia ritornato senza rileggere quanto scritto precedentemente (e senza interventi correttivi di un copista, che però non può non essersi accorto di un errore così vistoso), oppure da un copista particolarmente distratto; si può anche congetturare che, date la scarsa rifinitura, la frequenza delle correzioni e la natura delle postille, il resoconto vaticano sia una prima, provvisoria versione di un'opera che sarebbe stata diffusa solo dopo una successiva rielaborazione. L'urgenza di una prima stesura è forse dovuta al fatto che il "patrone" di una nave a cui probabilmente era stato affidato un carico dal governo veneziano fosse tenuto a rendergli conto delle ragioni della perdita di esso, almeno per far valere il proprio diritto alla copertura assicurativa, e l'ipotesi di una lettura pubblica del resoconto del viaggio è avvalorata dalla ripetuta invocazione nel testo a «lettori» ed «uditori»:[22]

21. In parte, perché le postille sono piuttosto frequenti fino alla seconda riga di c. 45 v., dopo di che scompaiono completamente, fatta eccezione per la nota geografica a c. 53 v. (che segnala il nome geografico «Stichiburg» accanto o in luogo della lezione a testo «Sanginborgo»).

22. Tuttavia non dobbiamo fidarci troppo delle implicazioni di questa invocazione, che potrebbe fare riferimento non a una pratica viva ai tempi del Querini, bensì a una vecchia usanza

ecco che si potrebbe pensare alla redazione vaticana come a un insieme di appunti che il Querini teneva sotto mano mentre raccontava le proprie avventure a concittadini stupiti di vedersi di fronte in carne e ossa un uomo scomparso pressoché da un anno e che credevano essere morto in mare.

Certo, l'ipotesi è affascinante, e inoltre il fatto che sia effettivamente esistita una seconda redazione, frutto della rivisitazione di quelle carte sparse, con varianti d'autore e, stavolta, destinata a un pubblico di lettori, sembrerebbe essere confermato da quanto emerge da una rapida collazione tra il testo vaticano e il frammento marciano It. XI 110 7238: tale collazione, infatti, prima di tutto ha consentito di escludere sulla base di prove schiaccianti come un salto da membro a membro[23] e alcune omissioni[24] presenti nel frammento marciano, che questo possa essere l'antigrafo del vaticano, e ha poi messo in rilievo alcune *lectiones indifferentes* che potrebbero essere quelle suddette varianti d'autore sopraggiunte in fase di revisione e riscrittura "in bella copia" del testo, sempre, però, linguisticamente, graficamente, sintatticamente in dialetto veneto. Peccato soltanto che il frammento marciano sia appunto un frammento, per giunta mancante proprio delle parti utili a comprenderne la provenienza, e che per noi forse avrebbero

ricordata solo in sede letteraria; prova di questa diffidenza sia l'incipit del boiardesco *Orlando innamorato*, dove la menzione di ascoltatori e uditori è mera finzione, non più aderente alla realtà del tempo.

23. Il salto da membro a membro è precisamente a c. 28 r. del frammento marciano, dove si legge: «...e domente che la denudata nave, già manchevole del suo corso, rimagnise stanca, le impetuose onde superchiandola fideva rempita de xconvegnievole pondo...», mentre a cavallo tra c. 44 r. e c. 44 v. si trova: «...e domentre che la fortunata nave, zià manchevole del suo corso, rimase stanca, le impetuose onde **percotevola per sifato modo che non solamentie la comaveva in ogni sua fitura, ma algune fiade** [44 v.] **ne la seperazion de le onde** superchiandola fideva reimpita de convegnevolo pondo», da cui si vede che il copista è stato ingannato dalla ripetizione della parola «onde» a poche righe di distanza. Tuttavia, nel manoscritto vaticano la seconda ricorrenza del termine è nella carta successiva, per cui risulta arduo credere che l'errore sia nato dalla trascrizione di questa copia. Ecco una ragione in più per ipotizzare l'esistenza di un'altra copia, magari posteriore a quella vaticana e contenente varianti d'autore.

24. La prima è situata a c. 32 r. del frammento marciano e si tratta della parola «zelo»: «...como i ocelini cadeno nela cabia como sono tochi dallo [...] cusì loro...», dove è facile immaginare che il copista sia stato indotto all'errore dall'omoteleuto di «dallo» e «zelo»; l'altra omissione è a c. 42 r.: «Venuto el tempo di mazo, al'insita del quale [...] sogliono condure el pese loro...»; qui a mancare è la parola «scolio», graficamente piuttosto simile alla parola immediatamente successiva. Nel marciano ho trovato un'altra lieve omissione, quella dell'aggettivo possessivo «mie» a c. 25 v.: «Et io devotamente acompagnato da 13 [...] compagni...», ma qui può essere una variante dell'antigrafo, da me supposto essere un testo posteriore al vaticano contenente varianti d'autore. Un caso simile, dunque non particolarmente significativo ai fini del nostro discorso, ricorre nella stessa carta per l'omissione di «ancora» nella frase: «...ma non consentando la inimiosa fortuna la duration del nostro optato bene, ne sopramese [...] spauroxi azidenti...». Oltre a questi errori evidenti, vi sono nel marciano delle varianti che hanno tutta l'aria di essere la semplice trascrizione dei grafemi di parole non comprese dal copista, dunque non interpretate, ma riprodotte fedelmente, come, per fare solo un esempio, a c. 38 r., in cui la frase: «...ma loro che se veieno da tanto nome proprie incogniti incontrati rimaxeno spauriti...» non ha alcun senso, forse perché il copista non ha capito il testo dell'antigrafo che probabilmente aveva, al posto di «nome proprie», «numero di persone», che poi è la stessa lezione del vaticano.

costituito la chiave del rebus. Peraltro, ad ingrandire maggiormente la forza di queste suggestioni (d'altronde, queste ipotesi non possono avere altra definizione, poiché non c'è nulla, per ora, che possa confermarle), tutte le aggiunte o le correzioni che compaiono nel vaticano, o nel testo o a margine, sono registrate nel frammento marciano, ma le varianti presenti in quest'ultimo non sono segnalate nell'altro testimone: le postille al testo del vaticano, dunque, non derivano da una collazione tra le due redazioni, ma potrebbero testimoniare alcune una modifica immediata del testo da parte dell'autore, altre, di cui avevamo notato la maggior maturità della grafia, il lavoro di revisione, per esempio nel senso della de-dialetizzazione di alcuni termini o dell'aggiornamento della nomenclatura geografica, *ope ingenii* e non *ope codicum* del Ramusio o di chi per lui.

Risulta utile qui riportare alcuni esempi, tra i più significativi, di varianti adiafore trovate nel lavoro di collazione: già nella prima carta del frammento marciano, la c. 25 r., al punto in cui si sta raccontando di un primo sbarco intermedio per aggiustare «la maculata nave», incontriamo la variante «portuni remedii» (scelta anche dal Ramusio) rispetto alla meno calzante lezione vaticana «importanti remedii» e, poco più sotto, mentre il vaticano riferisce della «quera bandita fra la *sua* Ilustrisima Signoria de Venexia contra li Zenoesi», il frammento marciano preferisce parlare della «vera sbandità fra la *sua* Ducal Signoria de Venexia e Zenovexi»; a c. 43 r. del manoscritto vaticano si legge:

> ...a dì 5 novembre, zesando el prosperevole et suavisimo vento, si scomenzò a levar vento da levante et siroco, e se bonazevole fuse durato ne averia scorti a l'intrar de li canali de Fiandra, luoco da nui molto desiderato. Ma come volse la falaze fortuna, acresandoxi la posanza e impito de vento, ne rebatevano fuora delo nostro dreto camino per tal modo che nui spedegasemo sopra l'ixola de Sarlenge.

Il frammento marciano, alle cc. 25 v.-26 r., preferisce:

> ...a dì 5 novembre, cesando el prosperevele e soavisimo vento si **comenzar** a levar vento da levante a siroco, e si bonazevele fose durato **averiane** scorto alo intrar ne li canali de Fiandra, luogo **per asai prezedenti zorni non poco** desiderato; ma **per comandamento de** la falaze fortuna, **ne accesandose** la posansa e impeto **de li diti** venti ne **rebateno** fuora del nostro dreto camino, per tale che nui spedagasemo sopra la ixola de **Sorsenge**.

Qui in particolare si nota non solo la presenza di una serie di varianti, ma anche l'aggiunta di alcuni sintagmi di cui nel vaticano non c'è traccia; e se in questo caso non si tratta di interventi di grossa entità, altrove si assiste alla comparsa di interi paragrafi di cui il vaticano sembra non conoscere l'esistenza, come a c. 31 r. del frammento marciano, dove il testo del vaticano (c. 46 r.) è stato accresciuto della parte riportata in grassetto:

> ...in primo di questo libro, **ma, pui che avanti l'abandonamento de quela como in piaquimento la aveva viduta ornar de ogni suo bisogno, cusì cun angusoxo sentimento per i prezedenti zià diti zorni vistola aveva spoiare cun de nostra vita de ogni suo instrumento et adornanza,** in quela ge lasasemo de malvaxie bote 800...

Si tratta di interpolazione? Oppure di una prova dell'esistenza di più fasi di elaborazione dell'opera? Difficile rispondere, soprattutto di fronte a testi di tal natura che non hanno la protezione propria dell'*auctoritas*. E ancor più arduo sarebbe, per lo stesso motivo, intravedere la firma dell'autore e sorprendere quelle che invece sono le malefatte del copista. Tuttavia ciò non impedisce di provare a tracciare il percorso più plausibile, dalla loro origine in poi, di questi umili scritti che la sorte ha voluto salvare e onorare.

Dai manoscritti all'edizione a stampa: Ramusio, un abile manipolatore

Il confronto fra i due testi del naufragio tramandati dai manoscritti e quelli pubblicati dal Ramusio subito ci mostra come lingua, sintassi, contenuti siano alquanto diversi, se non addirittura, nel caso della redazione di Cristofalo Fioravante e di Nicolò de Michiele, diversissimi. Le ragioni sono molteplici: le *Navigazioni* volevano essere un'opera scientifica e anche divulgativa, e ciò nel pieno Cinquecento significava l'utilizzo del latino, la lingua internazionale della scienza ma accessibile solo ai dotti, oppure del toscano letterario, comprensibile a più livelli di cultura, e quindi garanzia di una maggiore diffusione dei contenuti.[25] Del resto, né il veneziano popolare del testo del Fioravante e del de Michiele, e neppure il più controllato dialetto di un nobile veneziano con una formazione scolastica alle spalle qual era il Querini potevano essere accolti in un'opera di ampio respiro che ambiva a dare una organica sistemazione e un ammodernamento, sulla base delle nuove scoperte, al sapere geografico, fino ad allora rimasto ancorato alle ormai troppo vistosamente superate nozioni classiche del pensiero tolemaico e pliniano, e che si riprometteva, nell'epoca di Pietro Bembo e della cosiddetta "questione della lingua", di raggiungere un pubblico non solo veneziano e non solo di medio-bassa cultura.

I testi di cui ci occupiamo, inoltre, come già accennato, sono privi di quell'autorità che i grandi autori conferiscono alle loro opere e che dissuade chi vi entra in contatto dal porvi illeciti rimaneggiamenti e interventi, sicché il Ramusio o chi per lui[26] non si fa alcuno scrupolo ad "aggiustarli" e ad apporvi anche grosse modifiche con estrema libertà.

A questo punto si prendano in considerazione nello specifico le varie modalità di manomissione del testo: si tratta *in primis* di interventi di natura linguistica, come la regolarizzazione della grafia, scrostata della patina veneta caratterizzata dalle -ç-, dalle -x- per -s- sonore, dalle -s- per le -z-, dalle -z- per le -g- palata-

25. Della scelta ramusiana del volgare si parla brevemente nell'introduzione a Giovan Battista Ramusio, *Navigazioni e viaggi*, a cura di Marica Milanesi, vol. I, Torino, Einaudi, 1978, pp. XI-XXXIX, pp. XXXII-XXXIV.

26. Ivi, p. XXV, il lettore viene avvertito che il secondo volume delle *Navigazioni* uscì postumo, a due anni della morte dell'autore, e che fu probabilmente l'editore a scegliere i testi da inserire nel volume e a prepararli per la stampa.

li, dai frequenti scempiamenti e dai raddoppiamenti casuali, la toscanizzazione delle uscite verbali e dei lessemi e la sistemazione della struttura sintattica, tutto ciò allo scopo di rendere più chiaro il contenuto, eliminandone la vischiosità, l'ellitticità, il disordine espositivo. Altra tipologia di intervento è l'aggiunta di informazioni assenti nei manoscritti, talune frutto dell'intuizione o dell'inventiva dell'editore (che, in questi casi, si fa vero e proprio coautore), altre costituite da dettagli che il Ramusio può aver ricavato in parte da altri passaggi dei due testi, in parte forse da altre opere o relazioni di viaggio di cui disponeva. Si veda per esempio la dovizia di particolari che egli usa nel descrivere la cocca, «di portata di botte 700 e più, carica di vini, specie, cottoni e altre mercanzie di gran valuta, fatta d'ancipresso e armata in Candia d'uomini 68»:[27] nel manoscritto marciano (c. 1 r.) si legge soltanto che essa era «de portata de bote 700, armata et oneratta in Candia de vini et altre mercantie»; che la nave sia fatta di legno di cipresso è notizia proveniente da un passo del testo vaticano, precisamente a c. 45 r., in cui si dice che «atrovase alguni de miseri compagni sì abituati ne la asenzione del molto vino, quali non credeva morire e tuto el zorno stavano a califarxe et inzendeno el foco de udoriferi anzepresi, peroché in gran parte el corpo e 'l contracarico de esa infelize nave era di tal legname». Una descrizione di parte del carico si trova poco più avanti, a c. 46 r., in occasione dell'abbandono della nave, in cui vennero lasciati «malvasie bote 800, ancora asai udoriferi anziprexi lavorati, piper e zenzeri per asai bona valuta et asai altre robe di valore»; ancora, a c. 8 r. del manoscritto marciano, Fioravante e Nicolò de Michiele raccontano come il carico fu spartito tra le due barche di salvataggio:

> Montarono nel periculato schifo i 21 sortiti, i quali tocò loro per rata non secondo la penuroxa proportione dela mexa rimasta: biscoti, ançi frixopi da libre 300; formazo, ma non da taola, libre 80; persuti 8; oglio libre 2; seo libre 40; e poi per fertilità dela piena nave metesemo vino carateli 7, che de plui capace non era, con quele poche arnixe da cuxina che la necesità pativa. Simelmente nela già aparechiata barca entrò omeni 45 con lo già dito patrone, alo qual tocò per simel rata la loro parte de le sopra dite cosse, el qual arecove un poco de siropo de limone et zenzer verde con arquante spetie, poche dexavedutamente entratovi...

Non riusciamo però ad indicare alcun passo che attesti la presenza di «cottoni»: può darsi che il Ramusio abbia, nell'esordio, citato a memoria la composizione del carico e che abbia semplicemente ricordato male, forse combinando tra loro informazioni inserite in due diverse relazioni di viaggio.

In verità, sono molti i casi di aggiunta, da parte del Ramusio, di informazioni mancanti nei manoscritti, a volte frutto, si può supporre, della collazione fra le due versioni e dal loro vicendevole completamento, ma eclatante e macroscopica è l'annessione di interi paragrafi con dati assolutamente nuovi (riguardanti gli usi e costumi della gente del villaggio norvegese da cui i superstiti erano stati salvati) che compare nel manoscritto marciano alle carte 22 v.-24 v., dove l'editore agisce

27. Roma, Biblioteca Casanatense, BB V 8, c. 206 r.

sotto la spinta di diverse istanze. In primo luogo si può dire che nella cinquecentina avvenga una riscrittura di più ampio respiro di quelle porzioni testuali troppo scarne, ripetitive e schematiche tramite la variazione della struttura sintattica oppure una più completa e chiara esposizione di quanto nei manoscritti è invece sottinteso o più sinteticamente espresso, per riportare sostanzialmente gli stessi contenuti in un discorso più elaborato e più ricco.

Per rimpolpare e sistemare questa porzione di testo sono sicuramente serviti piccoli dettagli ripresi dalla versione di Pietro Querini (la grande quantità degli *stocofis* seccati al vento è rintracciabile a c. 51 r. del manoscritto vaticano, il fatto che gli abitanti del luogo indossino panni di lana grossa a c. 51 v., la partenza dallo scoglio nel mese di maggio per commerciare i propri prodotti a c. 52 r.), ma anche altri loci della narrazione del Fioravante e del de Michiele; molte informazioni aggiunte, tuttavia, provengono da altra fonte.[28]

Sempre allo scopo della riscrittura letteraria di testo di cui altrimenti nel secolo XVI non si sarebbe forse apprezzata la fattura, Ramusio, se da una parte ritiene opportuno dilatare l'esposizione e infarcire il racconto di curiosità desunte altrove, dall'altra preferisce eliminare o ridurre notevolmente quei passi in cui vengono descritte minuziosamente e con molti particolari tecnici le operazioni di navigazione e che rischiano di appesantire la narrazione, di annoiare o perlomeno di rendere difficoltosa la lettura a chi non conosce il gergo marinaresco. Spesso il procedere lento e particolareggiato del testo, dallo stile involuto e un po' grezzo, col suo traboccare di gerundi e di concatenate proposizioni consecutive, si trasforma nell'edizione ramusiana in un periodo più snello e più sintatticamente variato che scorcia i dettagli senza perdere in completezza; si veda per esempio il resoconto del Fioravante e del de Michiele nel marciano, alle cc. 4 v. e 5 r., dove si descrive il momento più drammatico del naufragio, e si confronti il passo con il corrispondente rivisitato dal Ramusio (in grassetto sono evidenziate tutte le parti rimaneggiate):

Fioravante/de Michiele: manoscritto marciano (cc. 4 v.-5 r.)	Fioravante/de Michiele: edizione ramusiana (c. 207 r.)
Nota che da dì 4 dito fin a dì 8 deçembrio fomo sempre contra nostro volere obedienti ali inconstanti dii Eollo e Neptuno, di noi terminando ogni loro corsso e piaçere, sopragiongiendo poi vento a levante, tanto forçevole che si açexe al suo	E scorrendo con tant'impeto per molte ore, alla fine un collo di mare ne sopragiunse con tanta furia sotto vento alla nave che l'acqua v'entrò dentro e l'impitte quasi meza, per la qual già indebolita s'ingallonò e mostrò carena. <u>E veramente quella era l'ultima ora</u>

28. Così come da altra fonte (o forse dall'antigrafo di questo manoscritto) proviene l'informazione che leggiamo nel testo ramusiano della relazione di Fioravante e de Michiele (a c. 211 r. della cinquecentina) e mancante nel manoscritto marciano: «A Bruggia capitando poi nel suo ritorno il detto messer Piero Quirino, ridotto in casa di messer Vettor Cappello fu di messer Giorgio, sentì dir di bocca di uno di padroni già trovato a capo Chiara come quella propria notte del nostro infortunio l'altro padrone con la sua nave carica di sale a Buia, alla qual dieron lingua, capitò male, pericolando alli 11 di novembre 1431» (cfr. con c. 28 r. del marciano).

furore Neptuno e l'impito ingaiardì tale che di quelo sotovento saltò un collo de mare, con tanta pieneza intrando già in la sventurrata et chinata coca che quaxi piui dela mità dela banda el mare soperchioe, onerrandola confusamente; e fu de tanta quantitade l'aqua entrò che per soperchio pexo la trrita nave se ingallonò, et, dubitando abisarsi, **se aforzasemo con la misericordia de Dio de cavarnela a mano,** et, ogni ora plui dexavanzando, per ultimo rimedio deliberamo troncare **la corona et l'onore e ardire de la devinculatta nave, e de quela l'alboro e le sartie con ogni suo favore al salsso e spiatato mare contro nostro volerre largamo, de che,** alezerata delo incomparabille pexo, **se ridriçoe, votandonela po noi a manno, et ogni ora desavanzando et avendone vutato gran parte dela già intrata aqua; dove alora vedemo cosa già con tanti dileti, onori et argumenti stata preparata, alora sinpliçe e nuda spoiata, sollo in le mano de li inconstanti dii tanto quanto de loro el turbato corsso si movea.**	e fin nostro, e certo eravamo inghiottiti dal mare, se non fusse stato il nostro Signor Iesù Cristo, che non abbandona quelli che pietosamente lo camano, che porse tanto vigore e forza nelli animi nostri afflitti che, vedendo la nave in così pericoloso termine piena d'acqua, né poterla per forza umana buttar fuori, deliberammo di tagliar l'arboro, e con l'antenne e sartie buttarlo in mare. E così facemmo, e la nave alleggerita respirò alquanto; e noi allora, preso ardire, cominciammo a buttar fuori l'acqua, la quale con gran nostro affanno e sudore alla fine vincemmo.

Eccettuate l'iniziale indicazione cronologica, anticipata nel paragrafo precedente,[29] e l'osservazione finale, non riportata perché in fondo finalizzata solo a verbalizzare il risultato, perfettamente deducibile, delle operazioni descritte precedentemente – cioè la necessità della nave, ormai privata di albero, vele e timone, di piegarsi al capriccio dei venti – vi si ritrovano tutte le informazioni date nel manoscritto, non più, però, sciorinate una ad una, segmentate e disperse in una miriade di proposizioni, bensì compattate e riassunte in pochi enunciati, legati tra loro dalla serrata logica del rapporto di causa ed effetto.

C'è, però, un concetto, in questo passo, che Ramusio invece amplifica nella trasposizione del testo nella sua edizione: la "misericordia de Dio", infatti, da semplice espressione di passaggio, quasi formulare in questo caso, diviene il motivo della svolta, ciò che determina il cambiamento, da negativo a positivo, del corso degli avvenimenti, e come tale occupa uno spazio sillabico e sintattico ben più significativo, sviluppandosi in una serie di frasi (quelle che nell'estratto

29. Nel manoscritto marciano si legge, alla c. 4 r.: «A dì 4 dito con picola fatica Eollo inimico nostro ne privò di speranza et de afanno de piui adoperarsi a isar sartia o velle...»; Ramusio rende così, a c. 206 v., il passo corrispondente: «Allì 4 di nuovo s'incrudelì tanto la rabbia del vento che ne portò via del tutto questa terza vela, e così nudi e spogliati di vela e timoni andammo alla ventura fino alli 8 dì...».

sono state sottolineate) proprio al centro del paragrafo, laddove la centralità fisica sembrerebbe alludere ad una centralità ideologica. In altre occasioni assistiamo alla particolare attenzione del Ramusio verso l'elemento religioso, sottolineato o deliberatamente inserito, non solo nell'esordio di entrambe le versioni, dove quest'aspetto già compare nel testo originario, non tanto nella versione vaticana, in cui tale sensibilità è totalmente attribuibile a Pietro Querini stesso, che si dipinge uomo assai devoto, bensì assai vistosamente in svariati passi della redazione marciana: qui in particolare si può evincere l'opera di un manipolatore ràdicale che non esita, quando gli pare e piace, a inserire interpolazioni spesso di natura moraleggiante e dal sapore cristiano. Si veda, in particolare, a c. 11 r. del marciano lo scrupolo che spinge il Ramusio a glissare sui disumani istinti di cannibalismo della compagnia («per modo una canina rabia e mordaçe li venia che nel loro aprosimato transire l'apetito asedato et famelico çercava devorare lo plui aderente compagno con quelo picolo vigore che gli era ne li denti rimasto»), trasformati in un meno scandaloso tentativo di ciascuno di «divorar ciò che più accanto e prossimo avesse»:[30] ora sappiamo che sotto quel rassicurante pronome neutro si cela in realtà un alquanto più drammatico «colui».[31]

Eppure altrove è il Ramusio a caricare proprio di drammaticità scene che originariamente sono di natura più prosaica. Esemplare in questo senso è l'interpolazione inserita a c. 4 v. del manoscritto marciano, proprio appena prima del brano sopra riportato, dove nell'originale si legge: «A dì 4 dito con picola fatica Eollo inimico nostro ne privò di speranza et de afanno de piui adoperarsi a isar sartia o velle, che dela terza in numero, ma non in effeto, da chiamar vella seco ogni substantia se ne portò crudelisimamente». Ecco, invece, il Ramusio, a c. 206 v.-207 r.:

> Dapoi sempre crescette il vento di levante, e con tanto impeto e forzo che 'l mar si cominciò a levar così alto che l'onde parevan montagne, e molto maggiori che mai per avanti le avessimo vedute, con l'oscurità della notte lunghissima, che pareva ch'andassimo nel profondo d'abisso. Qui si può pensar quanta era l'angustia e tremor nei nostri cuori, perché, ancor che fussimo vivi, ne pareva in quel instante esser morti, aspettando ogn'ora la morte, la qual vedevamo presente. In queste tenebre si vedeva alle fiate aprir il cielo con folgori e lampi così risplendenti che ne toglievan la vista degli occhi; e ora ne pareva toccar le stelle, tanto la nave era portata in alto, ora ci vedevamo sepolti nell'inferno, di sorte che tutti attoniti avevamo perso il poter e le forze, né altro si faceva per noi se non che con pietà uno riguardava l'altro. E scorrendo con tant'impeto per molte ore…

La descrizione della furia del «vento di levante» viene, nella cinquecentina, impiantata in una scenografia di gusto quasi apocalittico del tutto assente nel testo

30. Roma, Biblioteca Casanatense, BB V 8, c. 207 v.

31. Parimenti, a c. 17 v. Ramusio crede di dover smorzare le tinte troppo cupe del racconto del Fioravante e del de Michiele, quando da un silenzio fin troppo assordante emerge tutta la crudeltà di una compagnia che si guarda bene dal condividere con due compagni rimasti indietro il grande pesce trovato sullo scoglio: perciò la frase «e anco n'ebbero gli altri duoi compagni ch'erano restati infermi nel primo ridotto» che compare a c. 208 v. della cinquecentina è pietosa invenzione dell'editore.

originario, nella quale l'altalenare fra l'abisso e le stelle, complice la presenza dell'immagine della montagna come secondo termine di paragone a rappresentare l'altezza delle onde, desta inevitabilmente reminiscenze dantesche, e già il lettore si scopre ad attendere la familiare quanto improbabile conclusione «infin che 'l mar fu sovra noi richiuso» quando la sua attenzione è sviata sugli animi terrorizzati della compagnia che, al contrario di quella dell'Ulisse dantesco, deve fronteggiare viva per ore e ore il mare burrascoso.

Da questo esempio si può cogliere un'altra tipologia di intervento del Ramusio, cioè la tendenza alla drammatizzazione del testo, il cui culmine è raggiunto nella mirabile rielaborazione dell'esortazione del Querini ai suoi compagni a lasciare la nave per cercar di scampare alla morte certa:

Fioravante/de Michiele: manoscritto marciano (cc. 5 r.-6 r.)	Fioravante/de Michiele: edizione ramusiana (c. 207 r.)
Allora el constantisimo corre et aflito spirito del pronominato patrone con zegni d'amore dete segni de silentio a mixeri compagni, queste piatosse et necesarie parole proponendo per abandonar la sventurata e non riveduta nave:	Di questa maniera andammo scorrendo quella lunghissima notte, e venuto pur alquanto di giorno, il nostro generoso e constante patron, vedendo la sua nave spogliata d'ogni armizzo e instrumento, qual avea fabricata e adornata con tant'allegrezza, soprapreso da un dolor e affanno inestimabile che lo faceva attonito e fuor di sé, considerando che più non vi era rimedio di poter scapolar la vita, andando errando dove il vento e mar ne menava, **pur alla fine sforzatosi, non mostrando perturbazion alcuna nel viso né nel parlare, ancor che 'l cuor li fosse trafitto e se li vedessin le lagrime agli occhi, con voce salda voltatosi verso di noi ne cominciò a parlar in questo modo:**
"Cari et uniti in ogni extremo caxo et deli nostri pasati et prexenti pericoli amorevelі fratelli, da poi che per li nostri demeriti piaçe a Colui che pò le anime nostre salvare de voler per questa via li nostri mensfati purgare, vi conforto e priego le vostre mente umile fisso tignate, d'ogni antico e moderno pecato pentendovi, açiò che se del nostro mancare l'ora venisse, como dal presente la via aperta vegiamo noi se trovamo, sì contriti ogni nostra onfexa perdonando che essa summa bontà abi de noi sventurati misericordia, perché l'è quela che in questo et ogni altro piui extremo caxo ne pò liberare volendo, e per che stando pur in questa	"Carissimi fratelli e uniti compagni in così estremo e orribil caso, poi che per li nostri peccati è parso a colui che solo può l'anime nostre salvare e per questa via purgarle di condurne a questo miserabil passo, vi prego che con tutto il cuore debbiate levar la mente vostra verso nostro Signore, qual per amor nostro venne in questo mondo a patir la morte con tanta e sì crudel passione, pentendovi di tutt'i vostri peccati e raccomandandovi alla misericordia sua, acciò che, come l'ora venghi dell'uscir di questa nostra misera e afflitta vita, la qual vedo approssimarsi, la maestà sua in questo nostro transito ne riceva nelle benigne e piatose sue braccia".

nave noi siamo çerti de morire, mancante el panne, lo qual piui de zorni 40 durar non puote, et cusì de nostra morte seria caxone, etiam rimanendo non sapendo che fine la dita farrà, e noi al tuto d'ogni nostra libertà privi in avidente ruina se troviamo açexi. Ma si noi entriamo in barca, cognosiamo etiamdio el perricolo del mar, ma noi più tosto abiamo congrue raxone da poter piui defendersi contra le spietate voluntà de nostri nemiçi, e per andar a porto de salute ne può servirre, però, quando pur de suo piaçere fose a noi gratia prestare de aver alguna poca de bonaza per la qual posamo sperar esser placati li nostri odioxi nemiçi, a me, in quanto a voi piaçesse, pareria noi aparechiesamo e preparesamo la barca et lo schiffo de ogni loro corredi al navegar oportuni, in quele metando quele poche cose ne ha la longeza del tempo senza rinfrescamento servate per vivere, e quele per rata partire. E però, piaçendovi, çiascuno di voi ordini et dichi l'apetito suo a ser Nicolao de Michele scrivano nostro, el quale noterà el volere de ziascuno de barca over schiffo".

E quivi, mancandoli la voce, s'ingroppò d'una estrema tenerezza di cuore e stette un gran pezzo che non poté parlare, non mostrando però segno alcun di dolore: solum se gli vedeva correr le lagrime dagli occhi. Alla fine, riavutosi, con la medema costante voce andò drieto continuando:
"Considerato adunque i nostri spaventevoli termini nelli quali ci troviamo, io comprendo chiaramente che stando in nave è star in man d'una morte certa, e noi di noi medemi saremo omicidi, perché, ancor che restassino i venti e il mar si abbonacciasse, non abbiam però da vivere per più di 40 giorni, risparmiando e allungando quanto sia possibile la mesa che ci troviamo; la qual finita, ci vederemo subito morire tutti ad un tratto, essendo privi d'ogni soccorso e aiuto di poter navicar con questo corpo di nave, che senza arbori, vela e timon si può chiamar morto. Ma se noi l'abbandoniamo con quel poco che ci è restato di vivere ed entriamo nelle due barche che sono qui in nave, non però scapoliamo l'impeto del mare, al quale bisogna obedire, ma noi avemo in quelle governo e vele da poterne guidar dove conosceremo esser la nostra salvezza, e non esser condotti or qua or là contra il voler nostro: e però, quando piacesse al nostro Signor Dio di darne un poco di bonaccia, che saria segno d'esser placato verso noi miseri peccatori, a me pareria, quando a voi ancor così piacesse, che preparassimo la barca e schiffo di quel poco di viver che ci è rimasto, e quello equalmente partire".
A queste ultime parole avendo tutti piangendo risposto d'esser contenti, egli continuando disse:
"Però con vostro consenso comando a te, Nicolò di Michiel scrivano, che secretamente debbi tuor in nota il nome di quelli che vogliono montar sopra del schiffo e sopra la barca".

Si tratta di un momento drammatico che già nella stesura semplice, scarna, lineare delle cc. 5 r.-6 r. del marciano sa commuovere il lettore; Ramusio ne sa esaltare la tragicità preparando il discorso diretto non, come avviene nel manoscritto, con lo svelamento, alquanto anti-narrativo, di ciò che Pietro Querini sta per proporre ai suoi, ma col ritratto eroizzante del capitano, angustiato per la sorte della nave su cui tanto aveva investito (ecco, dunque, dove va a finire e come si trasforma la frase: «dove alora vedemo cosa già con tanti dileti, onori et argumenti stata preparata, alora simpliçe e nuda spoiata, sollo in le mano de li inconstanti dii tanto quanto de loro el turbato corsso si movea», situata nel marciano al paragrafo precedente) e comunque in grado, nonostante il dolore, di raccogliere il sangue freddo necessario per ricoprire ancora degnamente, con cuore stretto e voce salda, il ruolo di guida della compagnia, guida anche spirituale, come si evince già dallo stesso manoscritto e in modo più marcato nell'edizione allestita dal Ramusio, al solito assai attento a far avvertire la presenza della *pietas* ovunque ne abbia occasione. L'editore ha allora magistralmente caricato di *pathos*, con le dovute pause a conferire maggior solennità, – il monolitico discorso riportato dal manoscritto è stato infatti inframmezzato nella cinquecentina da due commenti attribuiti al narratore, aventi lo scopo di dar voce e rilievo alle reazioni emotive dei protagonisti – la "orazion picciola" del capitano.

Non è un caso che gli esempi addotti sin qui sui metodi di intervento sul testo del Ramusio siano tratti dal resoconto del viaggio di Cristofalo Fioravante e di Nicolò de Michiele: qui la mano dell'editore vi opera tanto massicciamente che forse è possibile parlare di una vera e propria sua riscrittura; ciò, invece, non si può dire per l'allestimento ramusiano del testo del Querini, dove possibile seguito pedissequamente, benché anche nella sua trascrizione sia costante il lavoro di rifinitura grafica, lessicale e, quando serve, sintattica, sempre allo scopo di facilitare la comprensione e di disambiguare l'interpretazione di certi grovigli contenutistici. Comunque, nemmeno con questo testo Ramusio si esime dal ridurre, sintetizzare, riorganizzare o cancellare da segmenti frasali a interi periodi per rendere la lettura più fluida e agevole, meno monotona e incagliata. In particolare la cinquecentina rinuncia anche a ciò che caratterizza lo stile del capitano, cioè la tendenza a vivacizzare il racconto tramite similitudini tratte dal mondo naturale, che, però, sono spesso di difficile comprensione: non vi compare per esempio l'immagine, evocata dalla vista della rapida morte dei compagni in mare, dell'uccellino in gabbia che appena è toccato dalla morte cade a terra (vaticano, c. 47 r.), oppure quella, subito successiva, dell'«uselo de rapina» che, quando non ha di che nutrirsi, si adira rizzando le penne e si becca il petto, simile nell'atteggiamento al capitano stesso mentre reclinava il capo e si pronosticava la morte imminente:

Pietro Querini: manoscritto vaticano (c. 47 r.)	Pietro Querini: edizione ramusiana (c. 201 v.-202 r.)
A dito zorno, mancando in tuto el vino ni sapendo dove se atrovavemo apreso tereno, a dirne di mie pensieri io me agurai già esser in nel numero de li già morti, tanden a Dio piaque che io atolerai tanto et oltra,	Al detto giorno 29, mancando del tutto il vino, né sapendo come ci trovavamo lontani over appresso terra, per dir il mio pensiero, io desideravo esser del numero di quelli che già erano morti: pur a Dio piacque ch'io

come fizi, et, vistose tuti in tal disperamento e zertamento di morte, inspirado io fui da Dio con algune parole conveniente al stado nostro persuasi li remanenti rizevesseno contriti la zerta morte comunicando ad insieme l'ultimo vino. Al dito ponto, tuti lagremanti, mostraveno optima disposizione, a Dio ricomandando le anime loro. **Avene a mi, carisimi letori, come a l'uselo de rapina el qual, non riavendo da manzare, tuto se rebufa et cambia el piede, mortificandosi el suo peto; adonca in deferenti mi par asai estremo stado, non che alzaxe i piedi, ma io mi coperxi el capo lasso et rebufato pronosticandomi la ventura e festinante morte;** e discorevamo pur oltra; nezesitoxi del bevere, algun inconstante fra nui se mise a bevere de la salmastra aqua, i quali l'uno avanti l'altro segondo le lor complesione espirò de questa misera vita. Io con zerca 10 de la misera compagnia contignandoxe se metesemo a bever la orina nostra, caxon potisima de perservarne in vita, ma pur per non patir mazor zezità me astini per 3 zorni de manzar zibo alguno, perché non ne avevamo d'altri ca de salmastri.

ebbi grandissima toleranzia per mantenermi in vita. E vedendoci tutti in tal desperazione e certezza di morte, fui inspirato da Dio di persuader alli remanenti, con forma di parole convenienti, che devoti e contriti ricevessero la certa morte, communicando insieme l'ultimo vino che ne restava: alle qual parole tutti pieni di lacrime mostrorono un'ottima e cristiana disposizione, raccomandando a Dio l'anime loro. Ed essendo ridutti in questa estrema necessità del bere, molti, arrabbiati di sete, si misero a bere dell'acqua salmastra: e così uno avanti l'altro, secondo la lor complessione, andavan mancando di questa vita. Con alcuni della miserabil compagnia, contenendosi, ci ponemmo a bere dell'urina nostra, cagion potissima di preservarne in vita. E per non patir maggior siccittà m'asteneva di mangiare se non pochissimo, perché d'altri cibi non avevamo che di salmastri.

Qui la similitudine è stata cancellata nell'edizione a stampa probabilmente perché apparve poco comprensibile e, forse, un po' tirata. Altri paragoni vengono invece riportati dal Ramusio, che di volta in volta decide se accoglierli o meno nel testo da lui allestito.

In conclusione, possiamo osservare come Ramusio non si sia mai fatto scrupoli nel manipolare i testi per piegarli alle proprie esigenze, che non sono quelle di un filologo attento a salvaguardare la loro integrità, bensì quelle di un editore che sfrutta tutti i mezzi a sua disposizione perché la sua pubblicazione sia in grado di catturare l'attenzione del maggior numero possibile di persone. Egli si improvvisa allora, e sa diventare un ottimo narratore, un coautore, come lo abbiamo sopra definito, capace di mettere in atto gli accorgimenti necessari per destare e mantenere viva la curiosità del lettore, per evitare che questi inciampi in passi di difficile comprensione e per saziare menti avide di sapere tutte le notizie carpibili sugli usi e costumi di popoli lontani.

Il risultato che egli ottiene è, tuttavia, un'opera altra rispetto al testo di partenza, certo più chiara e più scorrevole, ma meno "vera". Dai testi manoscritti alla versione a stampa cambia, insieme alla lingua, il destinatario: quello che ha in testa il Ramusio poteva essere infastidito dall'utilizzo del veneziano e sarebbe stato incapace di comprendere tutti quei termini tecnici afferenti al gergo marinaresco che invece erano così familiari al popolo dei mercanti veneziani di metà Quattrocento. La perdita, nel testo ramusiano, della vivacità e dell'immediatezza della lingua parlata da uomini di media e medio-bassa cultura della Venezia del XV secolo, si spiega forse con una scelta dettata dal timore fondato che altrimenti, in un'epoca in cui il peso della lingua utilizzata era determinante nel giudizio di un'opera letteraria, i venezianissimi resoconti del Querini e dei suoi due compagni di viaggio sarebbero caduti nell'oblio.

Essendo ormai evidente l'inautenticità dei due testi che compaiono nelle *Navigazioni* ramusiane, non rimane che recuperarne la forma originaria, sfrondata delle interpolazioni ramusiane, ricorredata delle parti di cui è stata defraudata, restituita della sua antica foggia grafica, lessicale e sintattica. Quel che era ritenuto un limite all'epoca del Ramusio, e cioè quella veste linguistica così marcatamente dialettale, oggi è diventato invece estremamente interessante dal punto di vista dello studio della lingua, perché i testi riportati nei manoscritti costituiscono uno dei pochi documenti che attestino la forma della schietta lingua veneziana sul finire del Medioevo.[32]

32. Nonostante il vivo interesse di questi anni per la storia del naufragio della Querina testimoniata dalle numerose pubblicazioni, non si è mai pubblicato il testo originale riportato dai manoscritti. Solo in Carlo Bullo, *Il viaggio di M. Piero Querini e le relazioni della Repubblica veneta colla Svezia*, Venezia, Tipografia Antonelli, 1881 compare il racconto di Fioravante e de Michiele tratto dal manoscritto marciano, tuttavia con una trascrizione imprecisa e a volte erronea. Altre pubblicazioni oltre a Ramusio, *Navigazioni e viaggi*, sono Giampaolo Dossena, Mario Spagnol, *Avventure e viaggi di mare. La storia del mare narrata dai suoi protagonisti*, Milano, Tea, 2000, pp. 13-24, dove però si riporta il testo del Ramusio, non dei manoscritti; *Il naufragio della Querina* a cura di Paolo Nelli, già citata, una versione romanzata in italiano moderno che ha il merito, tuttavia, di attingere direttamente ai testi manoscritti; Franco Giliberto, Giuliano Piovan, *Alla larga da Venezia. L'incredibile viaggio di Pietro Querini oltre il circolo polare artico nel '400,* Venezia, Marsilio, 2008, sempre una versione romanzata del testo di Ramusio; varie traduzioni del testo in diverse lingue, tra cui si segnalano la traduzione norvegese del testo ramusiano in Kåre Fasting, *Skip uten ror; frit etter Pietro Querini beretning om den ulykkelige ferden fra Kreta tilt Røst i Lofoten vinteren 1431*, Bergen 1950 e quella in francese a partire, invece, dai manoscritti in *Naufragès*, traduit du vénitien par Claire Judde de Larivière, Toulouse, Anacharis, 2005. Sempre dai testi editi da Ramusio prende il via lo studio di carattere gastronomico di Otello Fabris, *I misteri del ragno. Documenti e ipotesi sulla storia del Baccalà*, Vicenza, La Vigna, 2011. Nel filone gastronomico si pone il *Gastronomic Hansa Knowledge Symposium. A Historic and Gastronomic Stockfish Conference during the Hansa days,* conferenza tenuta a Bergen l'11 giugno 2016, in cui si è parlato di un percorso culturale dedicato a Pietro Querini, nato da una felice intuizione di Andrea Vergari e patrocinato dall'UNESCO: la "Via Querinissima". Un caso particolare è, infine, costituito dal testo di Marco Firrao, *La storia della Querina nelle tavole del maestro Franco Fortunato*, Roma, Il Mare, 2016, in cui compare, romanzata, la storia del naufragio accompagnata dalle tavole pittoriche di Franco Fortunato. Questa storia, del resto, è stata rappresentata recentemente sia in forma teatrale che cinematografica, a dimostrazione della sua fortuna.

Criteri di trascrizione dei manoscritti

1. Trascrizione il più possibile conservativa del testo, con il rispetto della sua particolare veste grafica, che presenta -x- in luogo della sibilante sonora, -ç- per la semplice palatale e un uso vario e oscillante di doppie e scempie. Talvolta la stessa parola compare con veste grafica diversa, come a c. 43 r. del manoscritto vaticano, dove a distanza di poche righe compare la doppia dicitura "mexa" / "messa".
2. Scioglimento delle abbreviazioni; separazione delle parole, aggiunta dei segni diacritici, inserimento della punteggiatura secondo l'uso moderno; unione di una parola al suo prefisso (ad esempio, a c. 2 v. del manoscritto marciano, *in adoperabile* è trascritto *inadoperabile*) o al suo suffisso (come nel caso degli avverbi in *–mente*) quando essi si trovano slegati; rispetto del testo nel caso delle preposizioni articolate, che a volte compaiono unite, a volte separate.
3. Regolarizzazione secondo l'uso moderno di maiuscole e minuscole.
4. Resa di tutti i numeri in cifre arabe; nel caso di "0", tuttavia, tale cifra è stata trascritta con "zero" per maggior chiarezza.
5. Resa del gruppo consonantico -np- con -mp-, di -nb- con -mb- e di -nmcon -mm-, anche nello scioglimento delle abbreviazioni.
6. Resa con -i- di tutte le -j-, sia che si trovino in fine di parola o di numero romano, sia quando semiconsonantiche. Allo stesso modo tutte le -y- sono state rese con -i-.
7. Distinzione di -u- e -v-.
8. Eliminazione di -h- indebita, etimologica o paraetimologica; suo adeguamento all'uso moderno; resa di "o" in "oh" quando si tratti di interiezione.
9. Tacita eliminazione dei pochi refusi, come sillabe (spesso a cavallo fra due righe), parole o segmenti ripetuti, o altri casi, come per esempio, a c. 42 r. del vaticano, "pporgo", reso con "porgo", o, nella stessa carta, "l'ofizio de la qua", corretto a senso in "l'ofizio de la qual"; allo stesso modo alcune banali sviste sono state emendate senza segnalazione (ad esempio, a c. 25 v. del marciano, "Svtia", che chiaramente sta per "Svetia", o, prima, a c. 15 v., "avevamo", riferito a terza persona plurale, sanato facilmente con "avevano").

Ringraziamenti

Dedico questo lavoro al prof. Manlio Pastore Stocchi, che sin da subito aveva insistito perché lo pubblicassi, dimostrando di credere nella sua validità e nelle mie capacità sicuramente più della sottoscritta. Sono contenta di aver mantenuto, alla fine, la parola data.
Sono profondamente grata al prof. Andrea Caracausi e alla prof.ssa Elena Svalduz per l'opportunità che mi hanno dato, ma anche per la pazienza, il sostegno e i continui incoraggiamenti: senza di loro non esisterebbe nulla di tutto questo.
Ringrazio anche la prof.ssa Stefania Montemezzo per le preziose consulenze.
Se sono affezionata a Querini e alla sua avvincente storia, lo devo anche agli amici che mi hanno impedito in questi anni di dimenticarmene, da Paolo Francis Quirini a Otello Fabris, da Andrea Vergari ai frati della Vulnerabile Confraternita del Baccalà di Rovereto, da Franca Querini a Franco Fortunato e sua figlia Valentina. Sulle orme di Pietro Querini, ho sfilato per le vie di Sandrigo in festa, ho volato con la mia famiglia fino a Bergen in occasione delle commemorazioni della Lega Anseatica, ho preso parte a pranzi luculliani a base di baccalà e più recentemente ho ripercorso col pancione le strette calli di Venezia pur di non perdermi l'inaugurazione della mostra di Franco. E nella testa ancora la colonna sonora dell'esperienza norvegese: "Gaudeamus, igitur...", cantata a pieni polmoni in onore di un gigantesco stoccafisso ligneo. Grazie, Pietro Querini, per avermi fatto vivere tutto ciò!
Infine, grazie a mio marito Lorenzo, il mio più convinto sostenitore, per avermi regalato tempo da dedicare allo studio mentre lui si occupava dei nostri bimbi.

Andata
Ritorno gruppo Nicolò de Michiele e Cristofalo Fioravante
Ritorno gruppo Pietro Querini
isola di Sandøy
Lofoten
Røst
Trondheim
zona del naufragio della Querina
Stegeborg
Göteborg
Vadstena
King's Lynn
Rostock
Cambridge
Londra
isola di Scilly
isola Ouessant
Cabo de Finisterre
Muros
Santiago de Compostela
Venezia
Lisbona
Cabo de São Vicente
Cadice
Candia
isole Canarie

Il naufragio della cocca querina

attraverso il racconto
di Pietro Querini, patrone della nave

[Roma, Biblioteca Apostolica Vaticana, Vat. Lat. 5256]*

* In nota, in caso di dubbi di interpretazione del testo, si inseriscono le varianti del frammento marciano, Venezia, Biblioteca Nazionale Marciana, It. XI 110 7238. Talvolta si ricorrerà, sempre in caso di dubbi interpretativi, alla edizione ramusiana tratta da Ramusio, *Navigazioni e viaggi*, pp. 47-98.

[42 r.] Avegna che la frazelità umana ne fazi inclinevoli a varii pensieri et opere reimpresibile, tamen nui debiamo, partizipando de singular grazie e benefizii, nel'intrinsigo laudar lo nostro benefatore et etiandio per ogni modo magnificarlo et a devozion de cristiani et altre nazion esemplo manifestar le miraculoxe sue opere,[1] che a moderni in suo aiutorio a tempi de importabile adversità porgo, adonca nel fin dito io Piero Querini de Venesia me ho proposto a futura memoria de cui serà a vera cognizione de scriver e con vera verità manifestar quele, et in che parte del mondo fono le adversità e infortuni mi sopravene, che per lo corso che disposizione de la volubel rota l'ofizio de la qual, come abiamo per li longi esperimenti, si è in un movimento el qual subito infinire[2] et converso, e molto più queli poneno ogni sua speranza in essa memorata fortuna, ni debio tazere ma più eficaze dechiarir le premisione[3] anzi miracoloxi secorxi che eso piatosisimo Segnor Idio verso la mia indegna persona e de altri diexe fosomo del consorzio et compagnia de 68 morti.

È da vedere adonca che, per desiderio de aquistar parte de quelo nui mondani siamo insaziabeli, zoè onore e divizie, io me intromisi de patronizar una nave per lo viazo de Fiandra, di la qual non solamentie la mia persona, ma eziandio dispusi la mia facultà et uno mio mazor fiol poner, et sì como piaque al Salvator nostro, asai prinzipio di mei singular doni, dato che a mi parexe el contrario per ignoranzia, zorni 5 avanti el mio partir de Candia, dove onerai la dita nave, el nominato mio fiol pasò de questa vita, siché asai io me ne condulxi parendomi che a sì fato tempo Dio me avese onfeso. Oh quanto e quale fu la mia zezità et ignoranzia che de sì fato prinzipio me reputaxe leso!

Già sequito el caso, a dì 25 april 1431 fisi partanza dal dito luogo per sequir lo amarisimo e de angustie pieno viazo, e, come puol estimar cadauna discreta mente, l'animo mio rimase implosso[4] per la morte de mio fiol e pieno de tristizia e di dolor, e, forxi che la natura mia indicando l'agumento de le venture, adversità et importabeli casi più che el convenivole, abondava ne la condormia.[5]

1. Passo sintatticamente zoppicante in cui per pomposità retorica l'autore sacrifica la chiarezza espositiva: qui si è operato un solo emendamento relativo al verbo «manifestar», nel manoscritto «manifestarlo», con pronome enclitico la cui funzione sintattica di complemento oggetto è ridondante rispetto al sintagma "le miraculoxe sue opere".

2. Nel testo il segmento «el qual subito infinire» è sottolineato e collegato a quella che pare proprio una correzione a margine in cui si legge «el sublimato enfimare». È solo grazie al Ramusio che indoviniamo il senso di questa ultima parte del periodo, assai contorta: «...io, Pietro Quirino di Vinezia, ho deliberato, a futura memoria di posteri nostri e a cognizione di presenti, scrivere e con pura verità manifestare quali e in che parti del mondo furono le adversità e infortunii che mi sopravennero per il corso e disposizion della volubil rota di fortuna, l'officio della quale (come abbiamo per lunga esperienzia) è di abbassar in un momento il sublime e per il contrario l'infimo e basso inalzare».

3. Nel testo la p- iniziale di parola potrebbe leggersi sia "per-" che "pre": qui si è scelto a senso il secondo caso, anche in corrispondenza con il passo finale, in cui si parla di una promessa mantenuta da Dio.

4. Probabilmente da intendersi come "imploso", cioè distrutto, costernato.

5. In Marc'Antonio Mazzone da Miglionico, *L'oracolo della lingua latina*, Venezia, Altobello Salicato, 1607, p. 147 si legge che a Venezia morire di malinconia si dice «morire di condormia».

Ma, da poi che avendo costezata gran parte de la Barbaria[6] per contrasto de venti, aplicasemo a dì 2 zugno con la infelize nave apreso lo loco chiamato Cadef,[7] posto in la previnzia di Spagna, dove per cativo pedota acostati ala basa[8][42 v.] di santo Pietro tocasemo con la nave una ruzia di scolio non aparente in sopra el mare, in modo che el nostro fido timone, membro prinzipalisimo a tute nave, usitò dal suo limitato luogo non senza resentimento de le sue cancare, come aparve per li sequiti caxi, et oltra de ziò la infortunata nave in 3 parte de la colomba rezevete fratura con reforzimento de invenzibel aqua.

Oh Signor nostro universale, quanta più pena mi sopravene al zià ulnerato core et masime che ale mie falxe e mondane speranze iera in contrario fermisimo argumento, ma pur fusemo suvenuti, et, non con puoco dano et asai mazor dolore porgendomi inopinati favori, quela fortuna mi aveva permeso et asai più graveza et angustie e tormenti anzi cotal ruina, se la interposizione delo clementisimo Dio a mi non fose stato secorxo, siché nui capitasemo al porto de Cadef e lì esonerasemo la maculata nave per importanti remedii, e fo a dì 3 dito zugno.[9]

Desonerata la dita nave e posta a carena, non con picola dificultà se prevalesemo[10] de li besogni nostri aparenti, tamen in zorni 25 remediasemo a tuto riponendo el carico in la nave e, peroché io avi notizia in dito luogo de la quera bandita fra la mia ilustrisima signoria de Venexia contra li Zenoesi, fume bisogno acreser el numero de li mie combatanti, siché fuzonxi fina ala suma de persone 112, e a dì 14 luio per sequir l'infortunato viazo me partì dal memorato luogo e, per non me incontrar in molte nave inemiche si aspetava da ponente, deliberai, alquanto caminando, dal Capo San Vizenzo[11] alutanarmi, e perché regnando el vento chiamato in quela costa "Agione", il quale largo dal tereno dimostrava da greco, per tanto me incontrariò di reveder la tera ch'io voltigiai ne i contorni de Canarie, luogi incogniti e spauroxi ali moderni marinari, masimamente da le parte nostre, zorni 45.

Quale soleno eser li pensieri di zirconspeti patroni atrovandosi con tante persone in simel caxi, luogi e stasone, tali i mie devoti creder che foseno, masi-

6. Cioè l'Africa Settentrionale.

7. Cadice.

8. Leggasi "bassa", "secca". Poco più a sud di Cadice, seguendo la linea della terraferma, si trova la Islote de Sancti Petri, con fondo fangoso. Lì probabilmente si era incagliata la cocca querina.

9. Ramusio, *Navigazioni e viaggi*, p. 52, qui sintetizza moltissimo il discorso sintatticamente involuto di Querini, accennando rapidamente al doppio dolore procurato dall'incidente, doppio perché arrecato ad un cuore già sofferente, per poi riferire subito dell'approdo a Cadice dove la nave viene scaricata e aggiustata. Il testo originale insiste maggiormente sulle pene del capitano e sulla disgrazia dell'incidente allo scopo di esaltare per contrasto l'intervento salvifico di Dio.

10. Nel senso antico di «servirsi», intendendo che furono appagati i loro bisogni.

11. Oggi Cabo de São Vicente, il punto più a sud-ovest dell'Algarve. Querini si discosta dalla rotta usitata per paura di incontrare le navi nemiche della Repubblica di Genova, quindi si allontana parecchio dalla terraferma, solo che, per colpa del grecale, vento che spira da nord-est, la cocca viene sospinta verso sud-ovest fino alle temutissime isole Canarie.

me vedendomi ogni zorno stimulare[12] la vivanda, unico conforto e sostegno dela umana natura, masime ali fadiganti marinari; piaque pur a Dio porzermi rimedio e conforto, avitandose el vento a segno de maistro, e per aritrovar la tanta desiderata tera drizasemo la prova e le vele verso el griego, e per 2 zorni e note squaxi in pope[13] andavemo con le sgunfate vele per ritrovar refugio ali besogni nostri, ma, non consentando la inemica fortuna la durazion del nostro optato bene, ne sopramese ancora spauroxi azidenti, franzendoxe algune dele cancare del nostro fito[14] [43 r.] timone, in modo che a novi provedimenti fosemo provocati; procuremo de fortificarlo incompirabelmente al suo primo convegno, che in luoco de fero ponesemo de le nostre fonde a opera de nize,[15] e tamentie che ne fosemo serviti infina in Lisbona, dove zonzesemo a dì 29 de avosto.

In nel dito luoco, con debita solizitudine refermasemo le già rotte cancare e de lì fornimo la nostra messa et ognii altro bisogno, et dì 24 setembre usimo al pielego per aviarxe ala via del longo viazo, et pur contrariando da inimigevoli venti, voltizando ne l'alto mar, pervegnisemo a dì 26 otubre al porto de Muros, dove rifrescamo la nostra mexa, et io, divutamentie acompagnato da 13 mie compagni, andai a visitar el tempio del beato Iacomo,[16] ma non con tropo dimora, ritornando a dì 28 del dito mexe, e subito fesemo vela con asai favoreveli garbini piando speranza di avere la desiderata cola et, alongato dal Cavo Finistere[17] per zerca a melia 200 il mio drito camino, a dì 5 novembre, zesando el prosperevole et suavisimo vento, si scomenzò a levar vento da levante et siroco, e se bonazevole fuse durato ne averia scorti a l'intrar de li canali de Fiandra, luoco da nui molto desiderato. Ma, come volse la falaze fortuna, acresandoxi la posanza e impito de vento, ne rebatevano fuora delo nostro dreto camino, per tal modo che nui spedegasemo sopra l'ixola de Sarlenge.[18]

12. Trascrizione incerta; il frammento marciano (c. 25 r.) presenta la variante «smenuire»; possiamo ipotizzare che il verbo che compare nel vaticano sia un sinonimo, avente perciò tale significato. Poco prima quel «devoti» è problematico: sintatticamente dovrebbe stare per "dovete", con metatesi delle vocali, come interpreta Ramusio, ma sono i "devoti" suoi compagni di navigazione a vedere il loro capitano razionare il cibo, dunque il soggetto del successivo gerundio «vedendomi» sembra essere «i miei devoti». Evidentemente un errore e poi il sopraggiunto caso di omonimia dei due vocaboli ha tratto in errore lo scrivente.

13. «Maistro» e «griego» sono i venti maestrale e grecale: il primo spira da nord-ovest, il secondo da nord-est. Il Ramusio, però, emenda «maistro» con «garbino», vento che spira da sud-ovest: in effetti, se la cocca è dirottata alle Canarie e deve andare verso nord, è necessario che il vento spiri da sud, con prua e vele verso «el giego». Così ci spieghiamo l'andatura quasi in poppa, quindi circa nella stessa direzione del vento.

14. Cioè «fido» (lezione riportata nel frammento marciano), quindi "fidato".

15. Cfr. Ramusio, *Navigazioni e viaggi*, p. 53, n. 3: «Pezzi di cuoio fissati a mo' di linguette».

16. Si tratta del santuario di Santiago de Compostela. Muros è un porto galiziano, sulla punta nordoccidentale della Spagna.

17. Cabo Fisterra, promontorio galiziano.

18. Qui una nota a margine puntualizza che si tratta di Sorlinga, dunque l'arcipelago delle isole Scilly, sulla costa sudoccidentale dell'Inghilterra.

E dato che per vista del tereno non fosamo azetadi,[19] tamen l'albitriamento de nostri fidi pedoti, i quali avevano posto el suo scandaio nel profondo del mare e trovatolo pasa 80, de questo me azertava, ma, come sano li naveganti, acostandosi plui al tereno, el vento, mutando, pareva senio per la revoluzione de valure,[20] se mostrava da grego a tramontana opposito a lasarne scostar ala coperta del tereno. Sopravene el tempo e l'ora che se doveva dimostrar la sason[21] di nostri cruziamenti e amarisime morte, dato che la potenzia del nostro Salvator secoreva a tempo e a luogo la mia indegna persona e diexe compagni, come stupevolementie ne la sequente parte se dirà.

Avene che a dì 10 del dito mese, nela vezilia de san Martino, che per forza e impito delo schionfante mare elo nostro timon, freno e segurtà de la infelize nave, vene a meno de le sue cancare, rimanendoge pur una sola al suo sostegno, i quale e quanta fuse l'angustia e desperamento nostro, laso che el sia inteso da a asai[22] marinari, né altro modo me arbandonai de vita repetrado el capo come queli che se vedevano con la caveza al colo poner a suspensione, e, non zesando però de usar l'ofizio de la patronia, con voze e giesti segondo el tempo asai confortativi invigoria[23] i spauroxi marinari a tanto che con una groxa tortiza [43 v.] arizono[24] lo indebelito timone, e non perché fuse compiuto aiutorio de mantegnirlo al deputato luoco, ma solo per averlo ricomandato per forteza di quelo nel alto de la travaiante nave, e sì ne avene che, dispicatosi in tuto dala nave, rimaxe per pope tamen invinculato,[25] e cusì per 3 zorni el tiravemo per adrieto, poi con vigorità di anemo e grande forza la ditta inutil masa recuperasemo dentro da la nave; afermandolo,[26] pui, nui podesemo, a caxone, nel titubar[27] de quela, non percutexe l'una e l'altra parte con rompimento dela non venturosa nave; atrovamose nel'alto pelago et impetuoso mare senza governo alguno; con le vele alzate al vento andiamo a posta de quelo quando, straforzando fina al bater de la vela,

19. Forse nel manoscritto manca un *titulus* sulla -e-, col quale la parola suonerebbe «azertadi», anche in analogia con il successivo «azertava».

20. Qui Ramusio trascrive «rivoluzione delle valute», ma nel vaticano si legge chiaramente «valure», che potrebbe essere una variante erronea. Potrebbe intendersi come la «riduzione della velatura», che è un'operazione di routine nelle imbarcazioni a vela per evitare lo sbandamento eccessivo della barca, quando il vento spira più forte. La parola «rivoluzione» potrebbe riferirsi sia al fatto che le vele vengano avvolte su se stesse (i velisti la chiamano "presa dei terzaroli") sia al loro rovesciamento nel corso di una virata, dato che qui si parla di mutamento della direzione del vento. Cfr. la voce "vela" nell'Enciclopedia dello Sport Treccani.

21. Una nota a margine (forse in altra scrittura) corregge con «principio», lezione accolta dal Ramusio.

22. A margine è aggiunto l'aggettivo «saggi», ma la grafia sembra diversa rispetto a quella del testo.

23. Verbo che pare essere stato corretto nel testo con «invigoriva».

24. Nel frammento marciano compare «armizono» (c. 26 v.).

25. «Tamen invinculato» è segmento aggiunto a margine, come, poco dopo, «la ditta», riferito a «inutil masa».

26. A margine corretto in «afrenandolo».

27. Qui nel senso letterale di "oscillare".

poi arquanto apozando, plui discorevamo al camino contra el desiderio nostro, alutanandoxe da la tera.

Vedendosi adonche in tal disperato camino, cognosendo la natura de marinari, ab infanzia abituadi ne le voluptà loro, da poi varie considerazione io li esortai con parole convenievole rimagniseno percontenti se metese riegula e mesura nel nostro rimanente manzare, dando el governo de quelo a do, overo a tre che a la mazir parte fuse piazente, e con equal quantità[28] distribuir a cadaun, non escudando ancor mi de quel numero, dando 2 fiate sia el zorno e note a sustignamento de la nostra via mancata,[29] per che durando el nostro infortunio ancor l'ordene plu longamentie ne presevaxe dala familica morte; tuti laudono la mia opinione e cuxì fu fato.

Io me redusi in solitudine[30] in la mia camera per melio considerar la mia miseria e lo salvamento de l'anima, contrizerme e pentirme dele mie antiche culpe e sora tuto a questo me fu utile el rimuver de la mia memoria quele persone ale qual per caxon naturale io portava de lizione, et, risuponendo la morte zerta con parole,[31] procurai de farse degno de la salute spirituale suadendo cadauno che io vedeva mal disposto e timoroxo a simile intenzione; parevame che io zuvase a qualche uno dela misera turba, perché de molti parlari et opare variavano stilo. Aveneme, dapoi posta riegola ne l'animo mio, che non fuse cusì tosto como io l'ho scrito, anzi fu di bisogno che consideraxe la misera qualità de li nostri corpi et eziandio el transito de tanti famoxi prinzipi de questo mondo, non solamentie del pasato ma nel tempo a venir, la posanza e privilegio de la invesibel morte, e con fede apreso la gloria del paradixo et infernal pene che io rimasi vigoroxo et indubitante del morire che puoco, innanzi niente, stimava la tanta apreziata vita, cason potisima[32] de forteficar i mie spiriti, i quali per la primiera temeza del morire erano squaxi disolvesti. Rimase a me una singular pena [44 r.] e dolevami deli mie menfati e queli del prosimo, de le qual tanto bene et grazia ricognoser dobiamo dala inestimabel misericordia del sumo e onipotente Deo universale.

Atrovandosi adonca mi nel sopra dito stado, per conseio de uno nostro marangon fu termenato fabricare, de le antene superflue et arbaro de mezo, dui timoni de la latina, sperando de rifrenar la straviata[33] nave, e che cusì solizitamentie fo costruti et posti ne li luogi congrui, e veramentie quela opera asai ne confortò vedendo per lo sperimento fazevano lo suo ofizio. Discopertoxi da la inemica fortuna, senza prolongarsi[34] termene, agumentò la posanza de li memorati venti e

28. «Con equal quantità» è corretto a margine con «equalità».

29. «Via mancata» è corretto a margine con «già manazzata natura», cioè "già minacciata natura".

30. «In solitudine» è un'aggiunta a margine.

31. «Con parole» è corretto a margine con l'aggettivo «corporale».

32. Latinismo per "principale".

33. Corretto a margine con «travagliata»; tuttavia qui ha il senso letterale di "uscita dalla rotta prevista", dal verbo "traviare".

34. «Prolongar» significa "differire": la «inemica fortuna», insomma, non concede tregua.

sconfiamento di mare, onde, impetuoxamentie percotendo i novi timoni, alguna parte, dividendoxe da quela, rimaxe conzonta a esa infelize nave portò siego, né altramentie rimagnisemo impenxi[35] che coloro a tempi de pestifero morbo se senteno afebrati con el segno mortale, et pur al solito modo e via, sequitando fortuna suo volere et corso et inmutabeli e furiosi venti, discorevemo al pesimo camino.[36]

A dì 21 novembre, el zorno dedicato ala verzene santa Catarina, nel qual fase fortunale e dizesi esser ponto de stela,[37] tanto plui se agumentò la posanza del mar e venti che in tuto se stimavemo privati de la nostra cruziata e debel vita. Siché, ricomandandosi sempre ala Verzene Maria et altri santi de paradiso, avodandose con diverxe divozione in pelegrinazi et altre opare de umilità, né se podevamo per la infusion de lacrime bagnare li nostri vixi impalediti, timendo la natura di privamento dil suo esere. Non posiamo dretamentie iudicare se 'l fo promision de l'onipotente Signor che si placaxe per le nostre divotisime lacrime o veramentie con sentimento de la inemica fortuna a prolongazion del nostro cruziamento nui fosemo perservati da tanto impito e furore e, pur travaianti contra el nostro desio, discurevamo ala via de ponente e maistro sempre alongandoxi dal tereno. Puose considerare la combatuta vela da li forzati venti dela interposizione de molte pioze tanto rimase indebelita che la comenzò a lazerarxe, siché per più fiade ne mena via, tanto che in tuto fosemo privadi de quela, et una segonda solieno portare a la fortunata[38] nave ponesemo ala mità de l'antena, la qual, per esser men forte de la prima, puoco al nostro ben spuoté zervire.

Semo oramai rimasti senza tale instrumento asai favorevole, anzi, nezesario al navegar, così ancora se minuiva la lena e vigor nostro et vita,[39] e domentre che la fortunata nave zià manchevole del suo corso rimase stanca, le impetuose onde percotevola per sifato modo che non solamentie la comaveva in ogni sua fitura,[40] ma algune fiade [44 v.] ne la seperazion de le onde superchiandola fideva reimpita de convegnevolo pondo, e non senza angosoxo eserzizio la desoneravemo de la maritima aqua. Più volte, avendo esperimentado con el scandaio nostro de trovar fondo, avene che nui se acatasemo[41] in paxa 81 de giaroxo tereno, parseno adonque come a

35. Ramusio, *Navigazioni e viaggi*, p. 56, rende «impenxi» con «attoniti e storniti»; evidentemente deriva dal latino "impensus" (participio di "impendeo"), cioè sovrastato, minacciato.

36. Dunque il timone posticcio viene staccato dalla furia del vento e del mare, ma non del tutto, tanto che la nave dovette portarselo appresso. Ramusio, invece, elimina questo particolare.

37. In Giuseppe Boerio, *Dizionario del dialetto veneziano. Terza edizione aumentata e corretta*, Venezia, Reale Tipografia di Giovanni Cecchini, 1867 sotto la voce «ponto» compare l'espressione «ponto de stela», che «vale un determinato aspetto o positura della Luna, delle stelle o simili, donde i nostri contadini ricavano motivi di pronostici del tempo».

38. Sottolineato e corretto a margine con «le ben fornite».

39. «Et vita» è segmento aggiunto a margine.

40. «Comaveva» dal latino "commovere", cioè "agitare", "scuotere"; «fitura» potrebbe significare "fattura", dal latino "facere"/"fieri" (dunque la nave era scossa dalle onde in ogni suo componente), oppure "fessura".

41. Cioè "ci trovammo".

coloro che nudar non sano, ne la profonda aqua rivandoxi, ad ogni remeselo si afera et altro per sua vita scampare, et ancora nui con le rampinate ancore tentar di aferarxe ponendo 4 nostre nuove tortize l'una apo de l'altra, et questo mi vene fato dato che[42] inutile per el suo fine aparese tal nostro argumento, perché, avendo per uno zorno e meza note supra el dito sostegno non puoco travaliato la zià indebelita nave, alguni di miserisimi compagni e spaventati de pezor condizione, al luoco de prova, inzise el capo e fine de l'ultima tortiza, e nui, arbandonati dal memorato sostegno, ala via et usitato modo scorevemo aspetando la spaurosa morte, ala qual plusor de nui con cristianisima disposizion se preparavano di rezever ponendo speranza ne la futura vita, i quali per giesti e parole mostrava al tuto desperamento, siché de mazor pene e tormenti si fazevamo degni, però, non se mutando i venti, che in più agumento a la inusitata e smarita via[43] andavemo discorendo.

A dì 4 dezembre, in nela festa de madona santa Barbara, con una unita posanza de 3 onde fosemo vinti e superchiati per modo che la infelize nave profondò oltra lo usato modo, nientemeno spaventandoxi la natura nostra de provisione a tuti sporxie vigor a dover stare ne l'acqua a mezo corpi che vodar lo superchievole carigo, siché, vintola per quel zorno, fosemo preservati né più che 3 zorni, dapoiché, fu a dì 7 del dito mese, refrescandoxe la posanza del dito vento e mare do ore del zorno, fosemo superchiati da quelo in modo che la misera nave ingalonò, e per la banda de sotovento senza atrovar contrasto intrava la spaurosa aqua, la qual nui vedendo[44] veramente eser al fin dela vita nostra, se aricomandavemo a Dio non saprando più algun che farxi, e vedendomi afocarmi in quelo instante mi fezi porzer de molta aqua da bever, e tanta ne asonsi che fu coxa incredibile: parevami di porzer et impir el stomaco e ventre mio in tal modo che la maritima non zi podexe intrare asai falxo et inganevole argumento.

In tanto estremo ponto atrovandosi, con diverxi e piatoxi lamenti riquardandosi l'un l'altro, dimostravemo ne li sembianti quale fuse el terore de la sopravenuta morte, e chi è che dubita che una volta non se abia a morire ma uno modo de morire sie più gravoso de l'altro e quelo di soficarxi in mare non sia più[45] crudo?

I, esendo in questo afano, per ultimo rimedio fo deliberato de troncar [45 r.] l'albaro e corona dela pericolata nave, parendo a nui che, aleviata delo suo peso, arquanto ridrizerebe e l'aqua per questo non podexe cusì intrare, e cusì fu fato. Piaque a Dio che el dito peso de l'albaro e antena usite fuori de la banda senza tocar alguna parte, come se con la mano slanzato fuse fuora de nave; el pensier nostro fo che fornito sospirando la misera nave,[46] a nui porzexe ardir e vigoria de

42. Qui con significato concessivo ("benché").

43. Il sostantivo «via», assente nel vaticano, è facilmente recuperato per collazione con il frammento marciano (c. 28 v.).

44. Verbo che, stando al senso, ha come oggetto sia «la qual [aqua]» sia la frase successiva. Forse siamo di fronte a una lacuna.

45. Corretto a margine con «men».

46. Costrutto sintattico che a senso si può rendere con "fornita alla misera nave la possibilità di sospirare".

vacuarla del pericoloxo e mortal pondo, e tutavia, come a Dio piaque, el vento e lo mar zesava dal suo furore.

Como dito, abiamo mutado stado e condizione, perché rimasta la travaliante nave senza la sua corona, per la quale, come melio sano li marinari, tute le nave et ogni fusta navigante nel mare incomparabilementie ano sostegno, in tanto più travalio contravene[47] che, in lo suo titubare per l'una et l'altra banda, rizevete superchievole mare, e nui miserisimi e cruziati corpi non si podevemo sostenire in piè stagando[48] né pur sentare, tamen convegnivemo a tute ore adoperarxi con li nostri instrumenti a vacuare la nave, e con grande molestia e dificultade se posevemo prevalere.

Diese intendere alguna cosa eserne rimasta di speranza, e però, esaminandoxi tra nui la miseria e calamità nostra, prevegnisimo ad una condizione[49] che, a Dio piazendo metigar l'ire del mare e vento, la picoleta nostra barca e lo schifo metere nel mare e per elezion de men danevole morte in esse intrare, che rimanendo in nave vedevemo eser più propinqui ala morte con espresa danazion de l'anime nostre et ancor corpi, con zò sia che impusibile fuxe che già la orbata nave pervenir ala tera volta,[50] non avendo el timone, né arbaro, né vela, e segondo el nostro arbitramento lutanati dal più prosuman tereno in verso levante, che iera l'isola de Irlanda, oltra a meia 200.[51]

Adonca fu posto ordine de preparar le picolete fuste per arbandonar la maior, quando el furioxo mare ne 'l conzedexe; e atrovase alguni de miseri compagni sì abituati ne la asenzione del molto vino, quali non credeva morire e tuto el zorno stavano a califarxe[52] et inzendeno el foco de udoriferi anzepresi, peroché in gran parte el corpo e 'l contracarico de esa infelize nave era di tal legname: oh quanti a queli parea nucumento ne la variata condizione, come dechiariremo nel prozeso.

Moltiplicava el travalio de la orbata nave, sì come per avanti abiamo dito, el nostro quondan timone, dato che molto fuxe invinculato, più seamolo in modo che, da una e l'altra banda rebatendo, percoteva la indebelita nave, di che fosemo constreti per final provedimento taiarlo in più parte e in nel mare ritornarlo, come de cosa che male al male azonzeva.[53]

47. Verbo che sopra presenta una correzione con l'aggiunta di «per-», che forse però va inteso come sostituto di «contra-».

48. Cioè "rimanendo".

49. Sottolineato e corretto a margine con «conclusione».

50. Voluta, desiderata.

51. Giustapposto a questo numero, sulla stessa riga, compare il numero 700, che forse è una correzione, ma non esplicitata in modo chiaro, visto che non fa seguito ad alcuna cancellatura nel testo.

52. A senso significa "scaldarsi", dal lat. «calidus»; nei dialetti dell'alto Adriatico, esiste la parola «calipar» con significato di fumare, ma non si è trovata alcuna nota etimologica. Cfr. per esempio Silvano Sau, *Dizionario del dialetto Isolano. Raccolta di parole e modi di dire della parlata isolana di ieri, di oggi e, forse, di domani*, Lubiana, Il Mandracchio, 2009.

53. Qui Ramusio taglia il testo originale. Nonostante la costruzione sintattica incerta, il senso è chiaro: il timone che la nave si portava appresso continuava a sbattere sui fianchi, quindi la ciurma decide di liberarsene.

[45 v.] Zià avevemo per costuma, al far de la longisima note, adunarxe insieme e salutare la vergene nostra imperatrize Maria e con devotisime orazione e pregerie con lacrime pregare Ela e lo suo Fiolo onipotente redentor nostro che ne salvaxe da tanto impeto, furore e tenebria; non iera plui nel poder nostro darxe a sì utile misterio perché el stare e l'andare non podevemo, anzi, penosamentie el giazere a nui miseri era permeso, et considerando el misero stato nostro, con lamenti pianzendo, fazevemo continue orazion a Dio; e, scorendo in varie considerazione, tra li altri stimoloxi pensieri mi sopravene che, domentre che nui avesamo modo e abilità de poner le nostre barche nel mare e in ese intrar, esendo una menore de l'altra, avene che tuti o la mazor parte pertendeseno esser in la mazor, con argumento de valerxe melio, e per consequente, non esendo capaze, nasese rissa tra queli da la men discrizion e con efusion di sangue, imperoché la molta aprension del vino a questo i fazeva inclinevoli.

Recurxi adonca a Cui era onipotente e con devotisima et espial orazione adimandar per grazia me inluminaxe a trovar via che la misera compagnia se salvaxe, et a Dio piaque de esaudirme, siché el prepoxe in la mente mia che io li dovese confortar tuti ala elizion de intrar in nele barche fose sacreta, ma solo al nostro scrivan manifesta aziò ne fazexe nota, sperando che, la misericordia de Dio interponendoxi, per proprio istinto con gravamento a l'una e a l'altra barca se divedesemo. Cuxì miracolosamentie avene che dove tra nui era deliberato che 21 tocase al schifo e 47 ala barca mazore, per la propria volontà 24 erano contenti andar con lo schifo e li remanenti con la barca. Vero è che a mi fo conzeduto per preminenzia de poder nela fin intrare e con mi menare uno mio fameio dove più me agradase, e dato che nel conzeto mio avese fato elizion de andar nel schifo perché era aprovato e molto bono, tamen, visto nel fin i mie ofiziali aver presa la intrada de la barca, io premutai opinione et insieme con el mio famelio intrai in la mazor, e fu cason de la salute nostra, come intenderano i letori.

Fatose la partison, nui comenzasemo a pariar[54] le picolete [46 r.] fuste per la mazor arbandonar; parevane molto difizile per non aver l'albaro nostro ni altro luoco altiero da puderlo meter ne la nave, tamen la nezesità ne mese avanti de drizar l'arguola del nostro quondam timon e fortementie ligarlo ala sinistra banda del nostro castelo da pope, peroché l'era de soto el vento, metando le taie congrue e frascone ne la zima con le fonde sustiniente, e aspetando ampuo' che el mare e vento bastantementie mitigaxe el suo furore, e dì 27 dezembre, arquanto esendo bonaza, con asai dificultade le picolete fuste ponesemo nel grande e spauroxo mare, al far del zorno, e, fatosi asunamento[55] de la vivanda a nui rimasta, con zusto pondo la dividesemo, dandone a queli del schifo per persone 21 la sua rata e ala barca per 47, ma, del molto vino se atrovavemo, l'una e l'altra barca ne prese quanto ge fu posibile de portar. Venuta adonque l'ora dela partanza e seperazion nostra, primeramentie io chiamai tuti coloro che a mi pareva che fusero più spolitati de vestimente, e a cadauno ge diedi de le mie che mi atrovava, senza dubio

54. Preparare, latinismo da "parare".
55. Cioè la raccolta dei viveri (dal verbo "sunar", raccogliere).

per l'otima mia disposizion me atrovava: quelo medemo averia fato quando ben avexe posuto quele scapolar.

Dapoi, quando fosemo ne l'intrar e seperarxe, considerate discretamentie i sensi nostri perturbare se doveano: se abrazavemo osculandoxe[56] per la boca l'una con l'altra, sporzendo fuori azerbisimi sospiri, come a coloro che più non si doveva veder. Oh quanta fu piatosa questa divisione de la cruziata compagnia, aspetandosi a più pena!

Partimose adonque a ore 2 del dito zorno arbandonando quela infelize nave, la qual con sumo studio e grande deletazione aveva ornata e preparata, in ne la qual io aveva posto mediante lo suo navigare asai falibele speranza, come ho predito nel primo di questo libro, et in quela lasiamo malvasie bote 800, ancora asai udoriferi anziprexi lavorati, piper e zenzeri per asai bona valuta et asai altre robe di valore, e dato che la dita orbata nave fuse in tuto dinutata, tamen, ne l'asaltanarxe da quela, a nui pareva arbandonar non tanto la patria nostra ma la iocondisima vita.

Come avete audito, in quel zorno mutasemo fusta ma non però for[46 v.] tuna, con zò sia che ne la sopradita note veniente, che fu de martì al far del mercore, lo inemico nostro rugiente vento da levante e siroco tanto rifrescò che a nui fu fortunevele,[57] per tale che la misera nostra conserva che iera nel schifo da nui fu smarita, né più sapesemo che fuxe de loro fine; e nui per lo puder del mare perdesemo el timone de la picoleta fusta, di che zudegasemo, per questo, dover al tuto mancare quela note dela cruziata e amarisima nostra vita, tamen, aiutandoxe con tuto el nostro podere, per ultimo provedimento se metesemo a punderar[58] la spauroxa fusta, e per diletarsi in vita se privasemo de la casione del viver, imperoché quela note gitasemo el zibo e poto[59] e algune vestimente nostre et altri instrumenti nezesarii per aleviar la fusta, acampamento de la nostra vita ne l'alto mare; pur piaque a Dio che, a salvazion de nui 11 rimasti et risalvati in vita, la resalvata fortuna nela picoleta fusta el venturo zorno, a dì 18, zesò, onde redrezasemo la prova nostra ne la via de levante, ne la qual, per prezedente deliberazion, sequitare dovevemo con estimazion de ritrovar el più prosiman tereno de l'isola de Girlanda,[60] a capo de ponente. Ma non durando però el poder de perseverare in quel camino per la mutabilità di venti, furiando mo' a grego e mo' a garbino, nui discorevemo con puoca, anzi, nula speranza de perservarxi in vita per lo mancamento masime de algun natural porto.[61]

56. Latinismo per "baciarsi".

57. «Rifrescare» significa "rinnovarsi", dunque il vento si fa di nuovo carico di tempesta («fortunevole»).

58. Qui in realtà «ponderare» avrebbe il senso logico, nel contesto, di "togliere il peso". O forse Querini intende che i naviganti cominciano a ragionare del peso della nuova imbarcazione e dunque decidono di gettare a mare, anche insensatamente, acqua, cibo, indumenti e altri ingombri.

59. Latinismo per "bevande".

60. Irlanda.

61. Si racconta anche dell'ennesimo fortunale, con un potente vento da sud-est che allontana ancor di più la barca dalle coste irlandesi. Il capoverso termina con la nave totalmente in balia dei venti "greco" e "garbino", che soffiano rispettivamente da Nord-Est e da Sud-Ovest.

Or sia notato per li letori, over auditori, per qual non mentevoli et amarisimi casi de numero de 47 che vene in la barca dita comenzò a mancare, e prima è da sapere che, per lo martelare de la misera barca aveva fato in nel travalio de la nave, in tute le sue comesure era comulata, siché in grande abondanzia intrava la maritima aqua, e de continuo a sete per quarda scambiandose staseva perfina ali zenochi a vacuar la danevole carca. Segondariamentie, per lo mancamento del vino et aqua che da potare[62] avevamo ma sì pochisimo vino, fu posto ordene asumerne el quarto d'una taza, non però grande, due volte tra el zorno e la note, asai miserisima quantitade per cadauno. De manzare pur se potevamo men malcontentare, peroché di carne salada e formazo e de biscoto se podevemo saturare, ma la contradizion del poco bevere ne spauriva del manzare quantità de li salmastri zibi; non fazo menzione de li fano[47 r.]si nostri e spauroxi pensamenti, che ogniuno discretamentie ben lo puol comprendere.

Adonca, per li memorati caxi, de la penosa compagnia alguni comenzoreno a morire, e non gran fato avanti mostravano segno mortale, ma come i uzelini cadeno ne la cabia quando sono tochi dal zelo,[63] cusì loro in uno momento cadevano in ne la barca morti, e per più disenza[64] parlare, dico che li primeri funo queli de la nave che duseno[65] la disoluta vita in bevere molto vino e star al fuoco senza moderazione, che per la varietà de una estremità al'altra, dato che i fuseno i più rebusti, tamen li men tolerabeli de tal morbo ne cadevano morti, algun zorno 2, qual 3 e qual 4, e questo durante da dì 19 dezembre fina a dì 28, de la tormentata turba: tolseno el mar ozeano per sua sepoltura.

A dito zorno, mancando in tuto el vino ni sapendo dove se atrovavemo apreso tereno, a dirne di mie pensieri io me agurai già esser in nel numero de li già morti, tanden a Dio piaque che io atolerai tanto et oltra, come fizi, et, vistose tuti in tal disperamento e zertamento di morte, inspirado io fui da Dio con algune parole conveniente al stado nostro persuasi li remanenti rizeveseno contriti la zerta morte comunicando ad insieme l'ultimo vino. Al dito ponto, tuti lagremanti, mostraveno optima disposizione, a Dio ricomandando le anime loro.

Avene a mi, carisimi letori, come a l'uselo de rapina, el qual, non riavendo da manzare, tuto se rebufa et cambia el piede, mortificandosi el suo peto; adonca in deferenti mi par asai estremo stado, non che alzaxe i piedi, ma io mi coperxi el

62. Il vaticano in realtà riporta «adaportar» o «adiportar» (la grafia non è chiara), emendato grazie al frammento marciano, c. 31 v., in cui però si legge «per lo manchamento del vino et aqua heo da potare havevamo, ma sì pochisimo vino»: resta problematico il senso di quell'«heo» (forse dal lat. «haec», pronome dimostrativo femminile da riferire ad «acqua», da intendere: "questa ne avevamo da bere, ma di vino ve ne era pochissimo"). Forse qui siamo di fronte a una piccola lacuna.

63. Paragone non accolto dal Ramusio.

64. Trascrizione incerta; il frammento marciano qui presenta la variante «distinto» (c. 32 r.), che sembra accolta dal Ramusio, *Navigazioni e viaggi*, p. 60, in cui si legge: «E per più distintamente parlare».

65. Dal latino "ducere", condurre.

capo lasso et rebufato pronosticandomi la ventura e festinante morte; e discorevamo pur oltra; nezesitoxi del bevere, algun inconstante fra nui se mise a bevere de la salmastra aqua, i quali l'uno avanti l'altro segondo le lor complesione espirò de questa misera vita. Io con zerca 10 de la misera compagnia contignandoxe se metesemo a bever la orina nostra, caxon potisima de perservarne in vita, ma pur per non patir mazor zezità me astini per 3 zorni de manzar zibo alguno perché non ne avevamo d'altri ca de salmastri.

Quanta e quale fuse l'angustia e tormento nostro comprender [47 v.] el pò ogni umana mente, in nel qual miserisimo e disperato caso continuamente stemo per zorni 5, e a dì 4 de zenaro, avanti el far del zorno, andando a posta del suavisemo vento per grego, alguni di rimanenti compagni se atrovava in verso la prova vide squasi umbra de tereno avanti de nui e sopravento, i qual con vose ansiosa a nui altri anonziava el suo non zerto aparere, siché tuti nui, bramosi di tanto bene, con li ochi atenti quardasemo verso a quele parte, e per non eser ancora sopravenuto el chiaro zorno rimanesemo per fina che la chiareza ne zertifichò quelo esser tereno, sia incredibile a cadaun che stimar se podese la condizion et immensa letiza del nostro conforto e alegreza.

Adonca resumendo vigor e forza piliasemo li nostri usati remi forzandosi di aprosumarxi a tanto desiderato teren, ma, per la molta dinstanzia e la curteza del zorno, per spazio de ore 2, quelo perdesemo de vista, né tropo podesemo usar li remi per la debelità di nostri membri, et quela longisima note dimorasemo in non usitada speranza; et sopravenuto el dì sequente, smaritose el dito tereno dal veder nostro, de sotovento uno montiselo et prosimano asai vedesemo, siché plui agievole ne parxe in quelo aplicar che in altro per avanti veduto, e però el conforto nostro ave fermeza: tolesemo dunque quelo a segno per el bosolo nostro per non se smarir nela supravenente note, e, con le vele in pope cazando el vento, zerca a ore 4 di quela se trovasemo soto el dito tereno acostati e zircondati da molti siche, come dimostrava el franzer de le onde, né alguna cosa plui spaurosa al marinaro ca al sequaro dil tereno atrovarxi di note in luogi incogniti: e però el gaudio nostro e conforto se convertì in paura e desperamento et estrema mistizia. Piangendo se aricomandavemo a Dio e ala mare sua, secorso de tuti li pecatori. Piaque ala misericordia sua a tal e tanto pericolo aiutarzi, siché, domentre che la barca nostra tocaxa in nisuna de quele seche, uno colo de mare, estendendosi per soto el fondo, lo sulevò e mesela fuora de la dita seca, siché se vedesemo franchi de tal pericolo, e tutavia, aprosumandoxi al salutifero scolio, avene miracoloso modo che, non si atrovando in nisuna banda spiaza né luoco di poder ben capitare, perché in tuto el suo zircuito era spredo grebanoso,[66] in quela sola spiaza el Guida e 'l Salvator

66. Nella cinquecentina della Biblioteca Nazionale di Torino, Firpo 2930, contenente le *Historie di m. Marco Guazzo de le cose degne di memoria, così in mare come in terra nel mondo successe del 1524 sino a l'anno 1552*, Gabriel Giolito di Ferrarij e fratelli, 1552, a c. 466 si legge: «Il capitano aggiunto con galeone sopra il capo, fece le vele calare, e dar fondi ancho che egli sapesse quel luogo non netto, anzi spredo».

nostro ne conduse, stanchi e laxi[67] come i debeli uzelini che a loro sasune[68] fano el suo pasazo dal ponente a levante [48 r.] et converso zonzeno al tereno. In questo luoco ferimo con la proda de la travaiata barca, et queli che asetrovano in quela con loro podere diseseno[69] ala tanta desiderata tera, trovano copertura de candida et freda neve, de la qual ne prendeseno senza mesura per refrigidar le loro visere arse et sute da la sede, el che fato, a nui, per impotenzia in barca et parte per quela defendere da la fratura de la dita nave, in sechia et caldiera ne porxe: non altramentie comenzasemo a sumerla come solieno fare i famati porzi quando li vien posto avanti l'orzo, over altra esca a loro naturale. Io con verità dico tanta ne asonxi in ne l'arido ventre che non l'averia potuta portare sopra le spale, né se poria comprender la vageza e satisfazion de la mente mia, parendome che in quel tanto asumer de licor satisfexe e ogni mia felizità e salute, ma el contrario advene a 6 de la misera compagnia, peroché quela note, avendo ancori loro mangiato de quela frigida vivanda, espirò de questa vita, nui estimando che la beuta aqua salmastra per avanti li avese dato el caparo dela morte.

Cusì, demorando la longisima note per salvar la navisela nostra da la fortuna, perché non avevemo fondo né altro modo de logarla, aspetasemo el breve zorno e desendesemo 16 remanenti de 47, non atrovando altro che neve da poner li piedi nostri, siché in quela, come zervi che avese abuto l'incalzo da mordazi cani, fuziti in ne la selva, si poneno a iazere soto la verde et fresca erba, cusì nui se destendesemo, Idio rigraziando che ne aveva conduti al sito nostro naturale et fragelati de l'azerbisima morte de sofocarxi in mare. Constreti poi da la fame rizercaxe[70] che ne foxe rimasto de le vivande nostre, non atrovasemo altro che, in uno fondo de saco, fregole[71] de biscoto misto con molte cagadure de rati, persuto uno e una picolcta peza de formazo, de le qual cose rescaldasemo a uno picolo fuoco che fesemo de li costradi dela nostra barca, et cuxì saturasemo arquanto le bramoxe gole.

Cognosuto poi con zertitudine quelo esser scoio diserto, deliberasemo el segondo zorno, impiando[72] 5 barile de quela aquisela usiva de la neve, e[73] de lì partirxe, siché la note sopravenente disendesemo i debeli e cruziati membri sopra la

67. «Laxi» sta per "lassi", cumune nell'italiano antico per "miseri", "infelici".

68. Interpretiamo facilmente come "stagione".

69. Intendiamo, con l'aiuto di Ramusio, *Navigazioni e viaggi*, p. 62: «E quelli che si ritrovavano in quella parte saltorono immediate in terra».

70. Qui probabilmente c'è un errore, perché ci aspettiamo un infinito: "costretti (a) ricercare".

71. "Briciole" in veneziano.

72. "Riempiendo" in veneziano. "Impiar" in veneziano ha il doppio significato di "riempire" e "accendere". Ad es. ne *I diarii di Marino Sanuto*: (MCCCCXCVI-MDXXXIII) dall'autografo marciano ital. cl. VII codd. CDXIX-CDLXXVII, vol. 51, p. 553, compare l'espressione «vanno impiando per tutto con le robe...» con significato di "riempire", mentre nel vol. 56, p. 150, si legge: «...si andava impiando et saria seguito grandissimo incendio», con significato di "accendere".

73. Congiunzione coordinativa a cui manca, però, un verbo all'infinito da legare al «partirxe»: dobbiamo ipotizzare una dimenticanza o un errore da parte del copista (che magari può aver trascritto «impiando» al gerundio anziché all'infinito), oppure una svista a monte da parte dell'autore stesso.

candida e gelata neve, e, fatose el dì sequente, intramo in la combatuta fusta per rizercar [48 v.] altro abitato loco, ala ventura e non per alguna fermeza ni saper dove andasemo; ma cusì tosto come rimpisemo la barca, intrando la maritima aqua per le comesure sue, imperoché la iera sta' non ben ligata nela prezedente note et aveva martelato in sule piere, et in diverse parte se aperse, et imperò, andando a pumbino a fondo, e nui tuti amoliandose ne l'aqua con picolo fondo si operasemo a ritornar ne la tera da la neve coperta.[74]

Come avete audito, siamo privati de speranza di poterxi trasferir in algun altro luoco con essa fusta, et, vedendosi rimaner in tal diserto luoco, più imprensi[75] de grande tristizia ma incomperabile ala prezedente, dico quando se vedevemo ne la picola barca in suso l'alto mare, estimavemo che algun zorno ne fose prolongata la stanzia del morire et in men pena, ma non che mi fuse perdonata: et che doveva altro mi imaginare a vederse debelisimi in uno scolio de la dita condizion senza alguna copertura né esca da zibarxi? Ma, per lo instinto[76] naturale, el qual schiva la privazion del'esere, provedesemo a duo estremi e debeli remedii: l'uno fu aconservar duo gabaneti con li remeseli et vele dela barcheta nostra, l'altro inzider le sue corbe e maieri et azender del fuoco et riscaldarxi, e poi per unico zibo ricorevemo alo lido del mare arculiendo buovoli e pantalene[77] in puoca et insufiziente quantità, e con questo se mantegniva la nostra rabiosa fame. Eramo 13 in una copertura e 3 in una altra; iazendo sopra la neve et parte sedendo, se scaldavemo ad asai debel fuoco; peroché la pegola bagnata supra i diti legni fazeva tanto fumo che apena lo podevemo suportare, ne avene che li ochi e 'l volto se infiò[78] per modo che squasi eramo privati del vedere apreso; poi nui abondasemo in tanto vermenezo de pedochi che in verità a pugnade li butavemo in nel fuoco, e, tra li altri stupendi azidenti, sopra el colo de uno mio scrivanelo ne vidi tanti che li avevano roduto le carne, che perfina a nervi erano penetradi, che stimo che fuseno caxon potisima de la sua morte.

Stando in questo misero stado, tre de li fortunati compagni de nazion spagnola, omeni robusti e ben formadi, spirono de questa vita, credo per aversi asonta asai de la maritima aqua atrovandoxi nel pelago, e, per eser nui 10 rimanenti in dita copertura debeli e impotenti, non podevemo rimoversi da quel luoco, sichè 3 zorni e note sopra dite a fatica podevemo alzar el capo. Alguni de nui più prosimi, pur con dificul[49 r.]tà, ne ponesemo fuori dela copertura nostra, la qual sì poco ne defendeva che, zorno e note nevegando, se cargavemo di neve, sichè 3 beso-

74. La sintassi è contorta, ma il senso è chiaro: l'imbarcazione, non essendo stata ben legata la notte precedente e avendo continuamente sbattuto quindi contro le pietre, era mal ridotta e incapace di ospitare ancora i marinai, che, tutti fradici, furono costretti a ritornare a terra.

75. Participio passato costruito sul verbo latino "prendo", ma intrecciato con "imprimo". Si confronti il termine con l'aggettivo «reimpresibile» dell'incipit (c. 42 r.).

76. Nel testo compare «instante», emendato facilmente con «instinto».

77. Cioè chiocciole di mare e patelle (cfr. i *Repertori di parole e immagini: esperienze cinquecentesche e moderni data bases*, a cura di Paola Barocchi, Lina Bolzoni, Pisa, Scuola normale superiore, 1997, p. 215).

78. Cioè si gonfiò.

gnava con scorlo[79] aleviarsi del suo pondo. Considerati auditori quanta estrema nezesità e calamità iera la nostra.

In capo de zorni 11, andando el mio fidelisimo fameio al procazo de pantalene, perché altro non era el zibo e refugio nostro, avene che in capo de uno scolio atrovò una casupola construta de legnami a lor maniera, e intorno de quela e dentro ne iera sterco de boino, siché chiaro cognoser se podeva da nnovo lì essere stado anemali de quela sorta et simile, a modo che zente umane li praticaxe. Questo fo indizio che ne porxe conforto e speranza più de l'usato, e cusì, ritornando a nui altri, questo ave anonziar che non puoco a tuti[80] gaudio e speranza, siché termenasemo, senza dimora, ala dita caxa andare per atrovare riparo e copertura, ma duo de la infelize turba tanto erano estenuati e apreso el morire che de lì non si puotè rimovere, siché nui altri 10, prendando sarzine[81] dai legni de la nostra quondam barca e io aveva una mia anconeta con uno mio cruzifiso che mai non mi arbandonò né io lui, se ne andasemo verso la dita casa. Per la molta neve io, che più debile iera di altri, molto me afanai a zonzerne, benché non foxe oltra mezo meliaro[82] dinstante dal primo luoco. In quela caxa arivati, ne parxe de grande rimedio perché la ne reparava dal vento e neve, et, mondificata al potere, se ponesemo a iazere rasonando tra noi che alguno loco de abitazione lì prosimano dovexe esser, ma che solo lo instade[83] li abitanti in quelo doveseno venire a suo luoco non abitado a visitazion de suo animali, perché già per la fresheza del sterco boino cognoseamo lì esser animali, e, posto che nezesità ne induzese a farne zerca de queli, la debilità nostra e la rasone che io meteva per imposibile questo poderxi far,[84] siché la mente nostra se aleviò al tuto di tal nostro pensiero, e stamo pur nui in questo suo reduto de animali, e cusì demorando lì, constreti dala fame immensa, andavasi per lo lido del mare prosimano a uno trar di piera per atrovar l'esca nostra consueta, zoè pantalene e buovoli marini. L'andata nostra in quela caxa fu de dì de zuobia; soprazonse el sabado, che fo zorno a nui salutifero, perché, esendo andati tuti ezeto io per pantalene, avene che uno de la misera turba trovò uno pese mirabile morto sopra lo lido del mare, grande de pexo de libre 200 ala groxa, el qual iera ancor caldo. In che modo si fose posto non lo sapiamo, ma ben dovemo creder che el misericordioxo Dio per salvarne cusì permetexe,

79. Intende che dovevano scuotere la copertura, dato che si riempiva di neve.

80. Manca qui un verbo, che, invece, nel frammento marciano è presente (c. 35 v.: «a tuti ge de' gaudio et sperare»).

81. Forse intende "fascine". Cfr. Ramusio, *Navigazioni e viaggi*, p. 64: «onde noi dieci, fatti fasci di legni della nostra barchetta...».

82. Il frammento marciano, a c. 36 r., invece parla di «non oltra meiaro 1 distante dal primo loco».

83. Cioè d'estate.

84. Periodo lacunoso, che lascia in sospeso i due sostantivi «la debilità nostra e la rasone». La lacuna può essere colmata grazie al frammento marciano (c. 36 r.): «...e posto che la nezesità ne induzese a farne zerca de queli [animali], la debelità nostra et raxione, che meteva per imposibele el poterli capere, ne refrenar la volia del asender al monte dove esi animali avevano el suo riduto, siché la mente nostra se alienava da tal pensiero...». Ramusio, *Navigazioni e viaggi*, p. 64, mostra di conoscere il periodo completo.

e co[49 v.]lui che lo trovò comenzò a chiamare di soi compagni nonziandoli la grazia sopravenente, siché, diviso in più pezi, el portono ala casita dove io aveva azeso uno debel foco. Considerate auditori che, oltra la letizia de questo salutifero pexe, concorxe la debita solizitudine a quoserne parte quale se poneva in caldiera se atroviamo, e quale ne le debile brise, siché al sentimento de l'usta[85] sua alguni de li compagni non erano azonti sopravene con stupendine che avevano sentito inconsueto odore; per la bramosa volia di mangiare, non aspetando che el fuse in tuto coto, comenziaseno a gustarlo, e per zorni 4 senza riegola alguna contentasemo la familica gola, poi, videndo mancare, fu aricordato che a mesura de zetero[86] fuse destribuito, ma, per non disponer una partisela nezesaria, dico che 3 nostri compagni che de prima preseno a partirse da nui, vedendo che nui ieramo partiti dal solito luoco, uno di loro rezercandone ne vene a trovar la nostra sopradita casupola el dì sequente che 'l pexe avevamo ritrovato, e vistola intrirono, et fo uno tra nui de tanta iniquitade che davano conselio a nui altri, segondo la sua mala disposizione, che al dito sopravenente non se dese a da gustar del pexe, e lui dimandandone per lo misericordioxo Signor, et io con parole conveniente suadendo, indusi tuti ezeto el mal disposto, e quela note quel povereto dimorò con nui, e poi l'altro zorno andò ali altri dui suo compagni et invitoli ala grazia novisima, e cusì veneno a refiziarxe,[87] e, con la regola posta come ho dito fra zorni 4, el dito pese ne durò zorni 10, prolongandone non solamentie satisfazion ala fame, ma ricoverò la indebelita natura; e più che quanto el durò, tanto fu teribel fortunale e sì impetuoso che per algun modo averiano posuto aver ricorxo ale usitate pantalene, siché chiaro comprendesemo che el Signor Dio per salvarne ne aveva mandato el dito pexe. Consumato el dito pese et arbasato la impetuoxa fortuna,[88] rimanendo ampoi la colmaza del mare et in fortuna che per doi zorni non potesemo arcoliere l'esca nostra di pantalene et non avendo altro, ponesemo de l'erba seca in la caldara con arquanto fedito sevo[89] che portasemo ne la barca per ongiere i schermi e bolido. Con l'erba dura, volendo saturar la gola nostra, non iera modo che la posiamo ingiotire, siché rimanesemo per doi zorni e note a dezuno, che asai mazor fame de l'usato avevemo, perché già ieramo asueti a mangiare del dito pese. Pasati i diti duo giorni [50 r.] et arbasato le aque, ritornasemo al'opera e quadagno solito di trovar di zibarxe di pantalene, esca de picolo nutrimento.

Qui sequita come el piaque al miracoloxo e grande Idio cavarne de tanti quai e disperamento, che, atrovandoxi melia 8 prosiman a uno scolio abitada da pescadori, di quali uno, che aveva doi fioli, in nel dito disabitado luoco dove che nui se atrovavemo aveva in pascolo de suo animali, uno de quali fioli se insuniò

85. In Boerio, *Dizionario*, il significato di «usta» rimanda a quello di "usma", cioè "odore".
86. Latinismo: "del rimanente".
87. Ramusio rende con «reficiarsi», rifocillarsi.
88. Letteralmente "abbassatosi", dunque placatosi il terribile fortunale.
89. Il sevo (o sego) era il grasso animale; «fedito» potrebbe stare per "fetido" con metatesi consonantica. Ramusio non ci aiuta, perché taglia questa parte. Il frammento marciano riporta anch'esso «fedito».

che i diti suo animali ierano sta' derupadi da la parte dove che se atrovavemo, siché, narado el parer suo de questa sua visione, deliberò de venir insieme con li diti suo fioli con una sua barca a veder, e cusì veneno al'alba alo lido[90] prosiman de l'abitazion nostra e diseseno i doi soi fioli, rimanendo el padre al governo de la barca; e vedendo a fumar la caxa dove che nui ieramo, verso di quela drizoreno i paxi, rasonando insieme che fuse tal fumo ne la caxa desabitada, perché quela stasone de nisuna parte stimavano fuse zente lì capitada; ma, pervenuta prima la voze umana a le orechie a uno mio compagno nomeva Cristofalo Fioravante, dise mirative verso de nui: "Non udite voze umana?". Rispoxe el nochier nostro: "Sono questi maledeti corvi che aspetano la morte nostra per divorarne, come hano fato li altri corpi de nostri marinari e compagni". Ma poi, aprosumandosi i duo prediti, a tuti fu clara zerteza la voxe esser umana, siché verxo de l'usio con infusion de inopinata speranza andasemo, et, loro vedendo, i volti nostri se reimpino di estimabile conforto, ma loro, che si viteno[91] di tanto numero di persone incognite incontrate, rimaseno spauriti con puoca durazione, peroché con li giesti e bele voze nostre si azertò peroché ieramo persone pericolade e di aiutorii bisognoxi; comenzono in sua idioma nominar el suo scolio et altro che serviva ai prepositi, ma per nui zero se intese; e doi dela segurata turba andono verso la barca sperando di atrovar algun zibo, ma niente atrovono, siché, venuti a nui, ne lo dechiarino. Estimasemo che la dita barca fuse de luogo abitado o da navilio prosumano, però non avevano portato siego da manzare; termenasemo che doi de nui andase con la dita barca, perché de plui non iera capaze, e, posto che ad algun parexe ben che retignesimo uno di dui paexani con argumento che sexemo più tosto alturiati,[92] ampuò[93] né a mi né ad altri parxe de consenterlo per non indignar li animi d'algun de loro, da chi aspetavemo marzede e refugio, siché di nostri do andareno in la dita barca, e più con ati zercavemo darli ad intender el bisogno nostro, ché con parole alguna de le parte se podeva intender.

Partitose, e fu de venere, rimanendo nui in grande conforto et aspetando che el zorno [50 v.] sequente se venise per nui, avene che non aparse né meso né ambasada, siché la note del sabado venendo a la domenega dimorasemo con grave

90. Accolta qui la variante del frammento marciano (c. 37 v.), anche in accordo con «lito» in Ramusio, *Navigazioni e viaggi*, p. 65, contro la variante "dito" che compare nel vaticano..

91. Passo emendato aggiungendo il pronome relativo "che", presente nel frammento marciano (c. 37 v.), il cui copista, però, mostra di non aver compreso diversi punti di questo paragrafo, forse perché, se l'antigrafo è il manoscritto vaticano, la grafia di quest'ultimo è qui di difficile lettura, tant'è rapida e trascurata. «Viteno» presenta qualche problema interpretativo. Il frammento marciano lo interpreta così: «Ma loro che se vereno da tanto nome proprie inchogniti incontrati...». Se ci facciamo suggestionare da quel «vereno», potremmo risalire al verbo latino "vereor", ripristinando dunque il senso logico che ci restituisce l'immagine dello spavento di fronte a tante persone sconosciute in un luogo che normalmente era disabitato. Ramusio, *Navigazioni*, p. 66, invece, è conservativo: «...ma essi, che ci viddero in tanto numero di persone incognite, rimasero per buon spazio spaventati e muti».

92. Dal verbo "alturiare", aiutare.

93. Con valore avversativo; Boerio, *Dizionario*, indicizza «ampò» come voce lombarda dal significato di "ancora" (qui nel senso di "ancorché").

sospiri e con varie ocupazion, opinando che uno di 2 casi fuxe intravenuto: che, esendo la barca de picolo navilio con puochi omeni, dubitavemo a levar nui afondarxi, o che non li tosamo el dominio de la barcheta sua, over per eser stracargata la barca per camino fuse roversata.[94] Concludendo eser sta' uno di i do caxi, nui rimanesemo ut supra, ma, erando[95] con li nostri pensieri, trovasemo che la caxon dela indusia[96] prozese perché li abitanti del scolio, esendo ale lor pescasone, non se ge potè dar notizia del caxo e bisogno nostro, ma, sopravenuta la dominica, al'ora de la mesa, el capelano suo che iera todesco, el quale abuto coloquio con uno di do andano lì, che iera fiamengo, compita la mesa rezitò a tuti che iera là el caso e condizion e nazion nostra, mostrandoli li nostri compagni, e, comosi a pietà, lacrimono, e beati coloro che prima potè meterse in via con le lor barchete portando de loro zibi per nui atrovar, siché la domenega, nel dito zorno de asai venerazion e a nui salutifiero, barche 6, qual prima e qual ultima, veneno per nui portandone copia del suo zibi, e chi poria esistimar quanta e quale fuse la letizia nostra quando nui se vedesemo visitar sì caretivamentie, estimando che ieramo redenti da la morte ala vita?

Vene con loro el frate suo capelano di l'ordene de santo Dominico, e con literal sermone[97] adimandò qual fra nui iera el patrone, siché respondendoli mi dimostrai ad eso, e cusì, poi che me ebe dato da manzare di suo pani de segala, che a mi parse una mana, e da bevere de la zerbosa,[98] mi aferò per mano dizendo che menase 2 con mi, et io me elesi uno Francesco Querini candioto e Cristofalo Fioravante veniziano, et insieme sequitasemo el dito frate, et, intrati in una barca de prenzipal del dito scolio, fosemo conduti in quela e menadi in l'abitazion del dito, che pur era pescador, per uno suo fiolo per mano come persona debele[99] e che non saveva [51 r.] drizarsi a via alguna. Intrati in ne la casa, al'incontro ne vene la madona con una sua inferiore, e, ricordevele del discreto movimento che

94. Qui c'è un problema interpretativo, perché prima vengono annunciati due «casi», ma poi se ne elencano tre, e delle tre alternative la prima e l'ultima sembrano coincidere, tanto è vero che Ramusio, *Navigazioni e viaggi*, p. 66, risolve riducendole da tre a una: «...estimando che, per esser la barchetta di piccola portata e troppo caricata, per il cammin si fosse roversciata». Il frammento marciano a c. 38 v. lascia intendere, con la variante «afamadi», un'altra possibilità, ma il senso non è chiarissimo: «...hopinando che uno di do chaxi fose intravenuto, o che esendo la barcheta de picholo navilio cun pochi homeni dubitavano alevar nui afamadi che non li tochasemo el dominio de la naveta sua over che se di luogo prosiman era per eser strachargata la barcha per chamin fose roversata». Qui sono rispettati i due «casi», uno che ipotizza una certa diffidenza degli uomini del posto, i quali, essendo in pochi, non avrebbero potuto fronteggiare il furto dell'imbarcazione da parte degli stranieri, e l'altro, su cui non ci sono dubbi interpretativi, che si figura il peggio, ossia l'affondamento della barca.

95. «Errare» qui nel senso di sbagliare: scoprirono dopo quale fosse stata la causa del ritardo dei soccorsi.

96. Ossia "degli indugi".

97. Quindi in latino, la lingua delle lettere.

98. Cioè la cervogia, birra ottenuta dalla fermentazione di orzo e avena.

99. Qui Querini sta parlando di se stesso, condotto per mano perché debole e incapace di camminare da solo.

soleno fare algune schiave greze[100] quando ricognobeno qual sono le sue madone, e cusì io me butai a tera et basai el piede, che è grande viltà; me produse perché, comovesta a pietà, quatro[101] duseno a uno fuoco e porsene uno scudeloto de bona late, e suzesive ebi optima compagnia e più di altri ben visto. Ben è vero che io non me desdegnai, in mesi 3 e mezo che demorasemo lì, a porgerli aiutorio ne li besogni de la caxa, dico a scasar[102] una putina sua e scovar la caxa, né più nezesario è ad algun che va per el mondo che a umiliarxi nela mente e in ne le opere sue.

Li altri compagni mie, che erano per numero sete, fono tuti conduti e divisi tra loro caxe; fo aricordato de do rimasti nel primo nostro alozamento: uno de queli morite, l'altro in estremo fo conduto e spirò azonto, et a lui, con li altri morti nel primo scolio, fo dato pietosa sepoltura, posto che da li corvi d'alguni la carne fuxe sta' divorata, e nui altri ricolti e governati segondo el suo potere con grande carità.

Erano in dito abitato scolio da anime 120; ala Pasqua 52 comonicò, catolizi e fedelisimi e devoti; non altro conduzeno la sua vita che de pescare, e però in quela religion[103] estrema nisuno fruto naxe, e 4 mesi de l'ano, zoè zugno, luio, avosto e setembre, è zorno, e mai non stramonta el sole, e ne li mesi opositi sempre hano la luminaria de la luna, prendendo infra l'ano innumerabile quantità di pese, e solo de 2 spezie, e l'una è in mazor, anzi, incomperabile quantità e sono chiamati *stocofis*, l'altra sono pasere,[104] ma de mirabel grandeza, dico de pondo de libre 200 al groso l'una. I *stocofis* secano al vento e al sole senza sale perché sono pexi de puoca umidità, grasi, e diventano duri come legno; quando i voleno mangiare i bateno con el roverso de la manara e fali come nervo, componeno butiro e spezie per darli sapore, et è grande e inestimabile marcadantia per quel mar de li Alemanii. Le pasere, per esser grandisime partide in pezi, le salano ma sono bone e poche. Al mese di mazo, di quel scolio se parteno con una sua griparia granda de bote 50, cargano in quela el dito pese e conduzelo in una tera dela Norvega, distante per melia mile e zento, chiamata Vergis, dove a quela muda de molte parte veneno nave di portada de bote 300 in 350, carge de tute coxe che naseno in l'Alemagnia, Ingiltera, Scozia e Pursia, dico oltra loro nezesarii de vito e vestito; e queli conduzeno diti pesi, che innumera[51 v.]bile sono le griparie, baratano quelo in cose a loro nezesarie perché, come ho dito, niente hano dove è

100. Ramusio chiosa «grezze», forse "greche".

101. Trascrizione incerta; così il frammento marciano (c. 39 v.): «...et baxai el pide, che grande utilità mi produse, perché, comovesta a pietà, mi duse a uno foco et porseme un scudeloto di bona late...».

102. Interpretazione incerta, tanto più che Ramusio taglia questa frase. Questa voce, «scasar», compare nel già citato Sau, *Dizionario del dialetto Isolano*, col significato di "allontanare da casa". Forse Querini intende che ha aiutato questa ragazza a maritarsi? Questa interpretazione sarebbe supportata dal confronto con lo spagnolo «casar», sposarsi, di origine latina ed ebraica.

103. Errore, condiviso col frammento marciano, per "region".

104. *Ibidem*, «pasera» è definita come un «pesce di mare simile alla sogliola, ma più piccolo e meno pregiato». Chiaramente qui differiscono le dimensioni. In Ramusio, *Navigazioni e viaggi*, p. 67, n. 5, si parla di «Pleuronectes», pesci noti più comunemente come platesse.

sua abitatura, ni ano ni manizano moneda alguna, siché, fati i suo barati, ritornano indrieto, e sempre tuto l'ano da brusar[105] et altri suo bisogni.

Questi de questi scolii sono omeni purisimi e di belo aspeto, e cusì è le done sue, e tanto è la sua simplicità che non curono di goder alguna sua roba, né ancora de le done loro hano algun risquardo, e questo per nui altri fo compreso in loro perché in nele camare medeme dormivano i mariti e loro fioli, dicove ancora nui alozavemo, et in nostro conspeto nudisimi se spoliavano quando al leto volevano andare; ancora, avendo per costuma de stuarxe[106] la zuobia,[107] se spoliavano e cusì nudisime per el trar d'un balestro andavano a trovar la stua miscolandosi con li omeni. Sono, come predisi, devotisimi cristiani, non perderiano la festa di perder mesa e di quanto sono ala giesia sempre stano in orazione e inzenochiati, né mai non mormora, non biastema santi, non nominano el dimonio. Quando li moreno algun conzonto, le moier per li mariti el zorno de la sepoltura si fa gran convito, e tuti i vezini se aparechiano, segundo loro costumi e potere, sontuose veste. La moliere del morto tuol[108] le più care sue veste e salva[109] le brute a convidanti, et aricorda speso se fazi bona ziera per la requie del defonto. Dezunano continuamentie i zorni comandati e quante feste veiano al'ano molto divotamentie.[110]

Le lor abitazione sono composte de legnami tondi, usano solo uno luminale dreto in mezo del dito colmo, e de inverno, per eser importabili fredi, tengono coperto el luminale dito con scorzi de pese, e stano cuxì preparati che rendeno grande lustro.[111] Vesteno pani de lana grosa da Londra e d'altri luogi, e non d'alguna pele, e, per conformarse con la region freda e melio atolerar, le sue creature nate de zorni 4 meteno a star nudi soto el luminale, scoprendolo a ziò che la neve li casca adoso, imperoché per tuto lo inverno, di 5 de febraro fina ali 14 de mazo,

105. Manca nel vaticano una porzione di testo che invece compare nel frammento marciano a c. 40 v.: «...chomo ho dito niente hano dove he sua habitura ni hano ni manizano moneda alguna siché fati i suo barati tornano adrieto et sempre risalvano locho da poder tor de legne per tuto lo ano da bruxar et altri suo bixogni». Probabilmente il copista ha compiuto un salto da membro a membro, ingannato dalla sostanziale omografia tra il verbo "avere" coniugato alla terza persona plurale del presente indicativo e il sostantivo «ano».

106. Cioè lavarsi.

107. Il giovedì (in Boerio, *Dizionario*, compare la voce «zioba»; nel nostro testo è avvenuto un comune slittamento della vocale, oltre che l'inserimento del dittongo "uo" che suona come un ipercorrettismo, nel tentativo di passare a una veste meno dialettale).

108. Dal verbo comune nei testi medievali «tollere» o «torre», "prendere levando o privando": nel testo indica una selezione delle vesti più preziose del defunto.

109. Nel frammento marciano (c. 41 r.) compare la variante «serve», accolta dal Ramusio.

110. Frase sintatticamente zoppicante. Anche qui ci soccorre il frammento marciano, che recita (c. 41 r.): «Dizonano continentemente i zorni comandati et quante feste vengono a l'ano cun la cristianisima fede le venerano». Anche in questo caso Ramusio accoglie la versione del frammento marciano. Probabilmente nel vaticano il verbo «veiano» ha condotto all'errore, perché l'occhio dello scrivente sembra averlo doppiamente interpretato nel senso di "venire" e nel senso di "vegliare" (cioè onorare le solennità).

111. Il frammento marciano (c. 41 r.) contiene una variante, certo più chiara: «...et sano sì preparar che le vendeno grande». Ramusio accoglie la versione del vaticano.

che fo la nostra dimora, sempre nevega; quele creature che scapola[112] la pueril etade tanto sono cuti[113] e asueti al fredo che grande[114] poco, anzi, zero estimano. Considerati se nui altri mal vestidi e non usi[115] a sì fata regione no' come dovevamo comportarxe, e masime ale feste che andavemo ala giesia dinstante mezo meio; pur con l'aiuto del Redentor nostro tuto tolerasemo.

In el dito scolio, ala stason dela primavera, capitava innumerabel oche silvestre, et anidavase per el scolio [52 r.], e plui apreso ai pareti dele lor case, e tanto ierano dismesticate per non li eser fato spavento che le matrone de le case andava al cuvo di l'oca, levandoxi con lento paxo dava comodità che li fose tolto le ove, plui e meno come pareva a quele done, e fazevano fartaie[116] per nostro uso, e, come la iera rimovesta de lì, l'oca ritornava al nido suo e ponevaxe a covare, né per algun modo rezevevano altro spavento: pareva coxa stupenda, con altro asai che seria longo narare.

Questo scolio era dinstante verso ponente dal cavo de Novergia, luogo forean et estremo perché vien chiamado in suo lenguazo "culo mundi", da melia 70, e baso in aqua e piano, ezeto algune mote dove sono construte le lor caxe. Sono apreso quelo alguni altri scolii, qual abitadi e qual no, picoli e mezani, e questo iera per meia 3 per zircuito. In nel tempo che demorasemo lì, umanamentie fusemo tratati segondo el lor podere, manzando inestimabilmente per 2 mesi de longo de quele sue vivande, zoè butiro e pese, e alguna volta de la carne, e mai veramentie non se podevamo saziare, e veramentie, se i diti zibi non foseno stati di natura rubrizi,[117] nui eravamo morti dal superchio manzare. La medezina nostra era late fresca, peroché ogniuno de queli cavi de famelia avevano chi 4 e chi 6 vaca a sustentamento dila lor brigata.

Venuto el tempo de mazo, al'insita[118] dil qual scolio solieno condure el pese loro in l'antedito luoco de Burgi, se preparano per quelo e nui portare, ma prima alguni zorni, prevenuto a notizia de una dona, moliere del prinzipal retore de tuti i scolii che de quele parte era absente, del nostro lì capitare, mandò uno suo capelan con una sua barca che vogava a remi 13, et a me come prinzipale portò in nome de la dita dona pesi 60, *scofis*[119] indurati al vento come ho dito, e ancora pani 3 tondi a nostro modo de segala e una fugaza, dizendo che la caxon de la venuta era perché pervenuto a notizia dela dita dona nui esser maltratadi da queli

112. «Scapolar» significa "scampare» (cfr. Boerio, *Dizionario*).

113. Cioè «cotti», come ci conferma Ramusio.

114. «Grande» si riferisce a senso a «creature», che da grandi non percepiscono più il freddo.

115. Il «non», assente nel manoscritto vaticano, è emendato a senso e con il sostegno del frammento marciano (c. 41 r.).

116. Cioè frittate.

117. Nel *TLIO*, *Tesoro della lingua italiana delle origini*, a cura di Lino Leonardi, pubblicazione on line a partire dal 1997 e consultabile all'url http://tlio.ovi.cnr.it/TLIO (ultimo accesso in data 7/08/2018), è riportato «lubrico», anche nella variante tipicamente veneziana «rubricho», con significato di "scorrevole", detto anche delle funzioni intestinali.

118. Ramusio, *Navigazioni e viaggi*, p. 69, chiosa «uscita».

119. Probabilmente è forma sincopata per "stochofis" con attrazione della consonante velare.

dove se aritrovavemo esser capitati, e che largamentie disesemo in che eramo tortizati,[120] perché de tuto ne faria restorare, comandando a queli che bona compagnia ne fuse fata e conzesene a Burgis venire; nui, rigraziandoli, escusasemo la inozenzia loro laudando el suo bon portamento, et, atrovandomi una corda de paternostri di ambra la qual ebi a santo Iacomo di Galizia, la mandai ala dita dona azioché Dio pregase per el nostro repatriare.

Apresandoxi el tempo del nostro repatriare, per indizio del capelano loro, perché era frate predicatore et alemanno, fosemo constreti a pagar ogniuno de nui a rason de 2 corone al mexe, zoè 7 corone per uno, e, non avendo denari che bastase, ebeno del mio taze 7 d'arzento, [52 v.] pironi[121] 6 e cuslier 6; la mazor parte de quele pervene in man del malvasio frate, forsi che non se ne feze consienzia parendoli meritarle per la tatruzimania,[122] et ancor perché zero rimanese de le robe del nostro fortunato viazo. El zorno dela partanza nostra comunamentie da tuti ne fo apresentati di lor pesi, et a sconbiatarxi[123] done e fanzuli lacrimono, e nui con loro, vedendo el frate vene da nui per visitarne l'archipiscopo suo e portarli dele aquistate robe la parte sua. Partimosi ala stasione che zià era tanto acresuta el giorno che, navigando a la fin de mazo, vedesemo per ore 48 el corpo solario, ma, andando ala via de mezo zorno et slutanandoxe dala soptentrinal regione, in parte perdemo in puoco spazio il sole, vedendo i razi sui, e tanto più se slongavemo tanto smarivase el sole, ezian rimaneva però zorno chiaro, aparendo in spazio de ore una el sole, ma, come ne azertava queli del scolio dela salute nostra, dico, abitato per mesi 3 de l'ano sempre vedendo el corpo solario, come ho dito per avanti, siché, navigando nui per molti scoi et ognior per canali ala via meridiana, udivemo grandi strepiti de cocali[124] et altri uzeli marini che i lor nidi posti li avevano per li diti scolii, ma come vegniva el ponto de la note tuti rimanevano in silenzio e a nui se manifestava tempo de riposo; in questo si ponevamo a dormire, e, cuxì scorendo per zorni 15 squaxi in pupa per lo continuo a posta de mogoie[125] posta in sule ponte di diti scoli che ne insegnava la via neta e profonda, advegniva che molti de loro erano abitati e da loro vegnivemo arcoliesti con pietà, datoli a sapere per lo frate la condizion nostra, porgiendone de i lor zibi, zoè late e pese.

Avene che per camin nui scontrasemo quelo archipiscopo el qual andava a visitar i frati perché era superior de tuti queli luogi e scoli, nominado *archiepus*:

120. Non si sono trovate altre attestazioni per questo termine, costruito sul sostantivo "torto".

121. «Piron» è la forchetta, mentre il successivo «cuslier», da «sculier» (con metatesi delle consonanti), è il cucchiaio (cfr. Boerio, *Dizionario*).

122. Nel frammento marciano «truzimanaria» (c. 42 v.), in Ramusio, *Navigazioni e viaggi*, p. 70, «turcimania». «Turciman» è voce di Boerio, *Dizionario*, con significato di «interprete».

123. Cioè "nel commiato".

124. Sono i gabbiani.

125. Così sembra scritto decifrando la grafia, ma il senso non è chiaro. Ramusio, *Navigazioni e viaggi*, p. 71, parla di «monteselli fatti a posta in su le ponte di detti scogli, che n'insegnavano la via netta e profonda». In Boerio, *Dizionario*, il lemma «mogia», graficamente simile, indica «molla, lama di ferro» elastica, che potrebbe in questo caso costituire una sorta di segnale per guidare verso acque sicure i naviganti.

andava con duo suo belingieri[126] remorchiati con la sua comitiva, che era da persone 200, et a lui fosemo apresentati, et, inteso i caxi nostri e le condizion nostre e nazion, molto se condolxe; oferendoxi a nui, escrise una sua letera alo luoco de la sua sedia chiamato Trendon, dove è lo corpo di santo Olavio fo re de Novergia, perché lì dovevamo capitare, per la quale avesemo ricolianza e a me fu donato uno cavalo, poi fu fato molto parlamento del nostro naufragio; se partimo poi per sequir el nostro viazo. Zonti in loco dito, perché avevamo notizia dal patron che el si fazeva quera tra Alemani e lo suo signor re de Norverga, deliberò de non andar più oltra, [53 r.] siché in uno scolio apreso Trendon abitado mi mise, aricomandandomi ali abitadori di quelo, e lui aritornò indricto. Nui el dì sequente, che fu el venere, dì de la asension del nostro Signor,[127] fosemo conduti in dito luoco e menati ad uno templo ornatisimo di santo Olavio, dove era el pretor con tuti li abitanti ala mesa del divino culto. Dimorasemo fina fenito l'ofizio, e poi fosemo apresentati al dito pretor, e, datoli a saper e chi e come eramo lì capitati, con meravelia e pietà me interogò se io sapeva parlar latin; disi de sì e prima mi convidò con tuti che andasemo a disnar sieco al'ora m'anderia per nui, fazendone ritornar per breve spazio in la giesia, e lì dimorasemo, poi uno calonico vene per nui, con el qual andai rasonando la condizion e stado nostro, che stupido el fazeva rimanir, e cusì andasemo a caxa del dito retor del loco, et, avendo fato convito de plui altri chieresi paesani, umanisimamentie me rizevete, de plui imbandison a lor modo ne diede, benché più i terieri[128] atendeseno a mirarne e interogarne che a mangiare. Fone poi provisto di lozamento da dormire la note, ma per continuo dal dito pretore et altri calonesi[129] avesemo el mangiare copioxamentie. Io, che ad altro pensava, el zorno sequente al primo dimandai conselio et aiutorio per tuti nui per andare verso la Fiandra, over in [Inghil]tera, per tera o per aqua, come melio parexe a loro conseliare; dapoi molte parole fo concluxo, per più segurtà per la quera e per el pasar de tanto mare, che nui andasemo a trovar uno miser Zuan Francesco, cavaliero fato per loro re, ezian de nostra nazion, el qual abitava in uno suo castelo del regno di Suvergia dinstante per zornate 50, siché, dapoi, a zorni 9 del nostro azonzer, se partisemo, dandone una quida el pretore, con do cavali a mi, per incontro di mie pesi li donai, uno mio sazilo[130] e zentura d'argiento, a nui de spironi e stivali e una manuruola[131] a onor di santo Olavio che l'aveva per sua divisa, bolgie di cuoro e algune rengie[132] e pan con fiorini de Rens 4.

Preterea avesemo per parte del reverendisimo archipiscopo uno altro cavalo, siché se metesemo a camin persone 12 con la quida e cavali 3, e zorni 53 cami-

126. In Ramusio, *Navigazioni e viaggi*, p. 71, il termine è chiosato in nota con "baleniere".

127. Cioè, secondo i calcoli, il 29 maggio 1432, che era, tuttavia, giovedì, giorno in cui si celebra la festa dell'Ascensione, quaranta giorni dopo la Pasqua.

128. Intende le persone del posto.

129. Ramusio, *Navigazioni e viaggi*, p. 72, traduce con «canonici».

130. Nel frammento marciano (c. 44 v.) «uno mio sigilo», più chiaro.

131. «Maneruola» nel frammento marciano (c. 44 v.), «manaretta» in Ramusio, *Navigazioni e viaggi*, p. 72. Potrebbe essere una piccola scure, da «manara» (scure, mannaia).

132. Cioè "aringhe".

nasemo verso l'oriente sempre avendo zorno, capitando quando in cativo luoco e quando in pezor, bramosi di pane masimamentie; in più luochi de scorzi de arbori secadi a sonde come le zuche masenaveno nel mestrino,[133] componendo con late e butiro, fazevano come i fugazine che in luoco di pan usavano late e butiro e formazo,[134] sempre bevendo l'aqua dela late; pur transcorevemo el camino, e algune volte se imbatevemo con melior ricolienze, trovando copia di zervosa e carne et altre cose nezesarie. De una cosa atrovamo copia: de caritativi rezeti, perché per tuto eramo ben visti.

Per lo reame de Norvegia sono rarisime le abitazione, e molte volte capitavemo al'ora del suo dormire: benché non fuse note, pur era el tempo dela note; la quida nostra, che sapeva el modo e lor costuma, apriva [53 v.] l'usio di l'ostaria e atrovasemo mensa[135] con sedie atorno fornide de cusini di quoro con bona piuma che serviva in loco de stramazo,[136] e, trovando tuto aperto, si prendeamo da manzare di quelo ne iera, e poi se metevamo a posare, e molte fiate avene che i patroni dela casa ne veniva a rimirar dormendo e rimaneva stupefati; sentendoli poi el quida nostro, parlando siego li dava a saper di nostra nazion e caxi, e comovendosi a pietà e meravelia ne portava da mangiare, siché persone 12 e cavali 5 fono nutriti per tuto el camino de zorni 53 con l'amontar de fiorini 4: lo resto per amor de Dio ne fu donato.

In questo nostro camin trovaxemo monti e vale aredisimi e spaventosi, el forzo[137] di animali, come caprioli et uzeli francolini e pernise, erano bianchisimi quanto oche; videsemo nela giesia di sant' Olavio a piedi di la sedia mertopolitana una pele di orso candidisima, di longeza di piè 14 e mezzo, e altre coxe, come i è i falchi astori e falconi di più sorte, sono bianchi oltra el naturale suo, e questo per la immensa fragilità[138] è in la dita regione.

Per tal camino, già dismentegevoli di nostri infortuni, se apropinquasemo a zornate 4 apreso Sanginborgo,[139] castelo dove era el prenominato miser Zuan Franco, capitado in uno luoco nominato Vastena, nel qual naque santa Brigida, che constituì regola de done e capelani in oservanzia divotisima; al suo onore nel dito luoco, lo real de ponente, fezeno fabricar una nobelisima e stupenda giesia, nela quale anumerai altari 42, e la copertura de quela de luzidisimo metalo era tuta. Sono done monache devotisime con loro capelani oservanti de dita regola;

133. Nel frammento marciano a c. 44 v. è chiamato «pestrino», Ramusio, *Navigazioni e viaggi*, p. 72, «pistrino». È il pestello usato per macinare le scorze degli alberi nel mortaio.

134. Questo sintagma non si regge sintatticamente; o dobbiamo presumere che manchi la preposizione "con" oppure dobbiamo sottintendere un verbo, come Ramusio (*ibidem*: «...e ne davano latte, butiro e formazo»).

135. Passo emendato grazie al frammento marciano (c. 45 r.) con l'aggiunta del sostantivo «mensa».

136. «Stramazo» è il materasso.

137. Cioè "la maggior parte".

138. Certo intende "freddo" (dal lat. "frigiditas").

139. Il nome geografico è collegato con una nota a margine che reca la correzione «Stichiburg», ma essa sembra una glossa scritta da un'altra mano rispetto a quella che ha copiato il testo.

nel dito monastero fosemo ricolti come forestieri e bisognoxi, per[ché][140] el dito monasterio è de divizie abondantisimo, e per uso dano refugio a besognoxi, siché ancora nui del viver abondantementie rezevesemo refugio; e dapoi 2 zorni se aviasemo per atrovare el compatrio nostro miser Zuan Franco, dove zorni 4 amplicasemo, e quanto a nui foxe conforto di vederlo dir non se poria. El dito miser Zuane, poi che ebe notizia de nostra relazione di casi e naufragii nostri, ponendo diligenzia e fervore a reconfortarne et ad alturiarne che più non se ne poria dire ni estimare, perché per costuma e per natura era cusì condizionato, dico [54 r.] che, per zorni zerca 40[141] che dimorasemo sieco, per ogniuno si azendeva a ben tratarne e per opere e per parole, in modo che ne la propria çaxa aver de melio non avesamo posuto aver, per quanto el luoco li prestava favor.

Aprosumandose el tempo che, in devozion di zerta indulgienzia, ala giesia de santa Brigida già nominada de Vastena innumerabili cristiani de lutane provinzie solieno andare, el valoroso miser Zuane, a nostro conforto et instruzione, dise che l'iera proposto in lui de andar e menar nui al dito perdone, perché non solamentie aquistasamo la indulgienzia, che iera grande, ma vedesamo concorso de asai divote persone et avesamo notizia se de nesuna parte maritima se aritrovaxe navilii che apartendoxe verso Alemania o Ingiltera, loco dove nui per nezesità del nostro repatriare convegnivemo capitare; e cusì andiamo con molta comitiva di sua famelia, dico oltra cavali 100, ben in ponto se partisemo, andando ogni zorno in aconzi[142] lozamenti de luogi sotoposti al dito miser Zuane, e durò l'andata nostra zorni 5, e in verità per suo castelo e per suo vilazi e camino magnifica e splendidamentie la vita loro conduzeva, e, gionti al dito luoco di Vastena la vegilia del perdone, veramentie atrovaxemo le già promexe condizione: prima concorxo de innumerabile persone de diverxe condizione e molti cavalieri con loro famelii pasati de Dazia,[143] luochi dinstante oltra melia 500, de più luochi di Alemania, di Olanda, Scozia et altri luochi oltramarini e simelmentie di Norvega, Svezia asai giente; fusmo sapevoli che in Lodese,[144] luoco maritimo dinstante zornate 8, si atrovava nave do, una per Alemania, zoè per Istor,[145] l'altra per l'isola d'Ingiltera, de la qual coxa nui fosemo contenti, siché, fato dimora fino al dì sequente di la festa che fu di primo avosto, dove divotamentie rizevesemo il perdono, fosemo

140. Integrazione che è parsa necessaria, anche in relazione all'uso dell'indicativo del verbo essere. Forse qui l'autore aveva inizialmente intenzione di costruire una causale implicita («per… esser»), poi nel bel mezzo della frase deve aver cambiato idea, scordandosi di correggere la congiunzione iniziale.

141. A questo numero ne è sovrapposto un altro («29»), ma non sappiamo se esso costituisca una correzione o una sorta di glossa basata sulla collazione, successiva rispetto alla scrittura del testo, con un altro codice.

142. "Acconci", "adeguati".

143. Danimarca.

144. Oggi Lödöse, paese della costa sud-occidentale della Svezia, antico nucleo della città di Göteborg.

145. Il frammento marciano riporta «Ristoh» (c. 46 v.): è l'odierna Rostock, in Germania settentrionale.

poi a dì 3 dito acompagnati con uno[146] Mafio, fiolo del dito Miser Zuane, zuvene scorto e nui amorevele e per costumo e per rezeto[147] paterno, dando a nui quel valoroso cavaliere per el mio aconzo, perché già me iera sopra azonto alguna poca de alterazion di febre, uno suo portante notabelisimo e del suo andare tanto suave che alguno semile mai io vidi, e ben mi fu nezesario per lo argumento del mio azidente febrale, perché si avese abuto altra cavalcadura dubito seria morto, benché con la promision già promexami iera da Dio piatosisimo ave de nui misericordia,[148] e, tolto combiato de quelo magnifico cavaliere miser Zuane, andasemo con suo fiolo a Lodese, dove aveva caxa propria e posesione, e là dalo fiolo fusemo governati, dimorando [54 v.] più zorni per aspetar la partanza dele dite nave.

Pur vene el zorno che quela del dito Peristoe[149] de Alemania se partì, con el qual Nicolò de Michiel, olin mio scrivan, e Cristofalo Fioravante, omo de conseio, e Girardo dal Vin, sescalco,[150] se ne andono, rimanendo de nui 8, che poi a dì 13 de setembre se partimo per Ingiltera fornidi del nostro bisogno, e come piaque a Dio, per impugiemzia[151] de nostri spaventati cuori, per zorni 8 e note tanto ni fu favorevele e suavisimo el vento che nui pasasemo in Ingiltera al luogo de Lilia, che è alo estremo dì verso tramontana de l'isola,[152] in nel qual luogo, e buono e piatoso loro patrone ne apresentò al suo parzenevole,[153] omo rico el qual, inteso le nostre condizione, tanto caritevolementie ni ricolxe che più non ni averebe fato i propinqui parenti, e con lui dimorasemo zorni e note 2, poi, con sui favori, a nui dando nobeli 4, ne mese in via di andar a Londra.

Ma non esendo da tazer quelo che mi advene, quando io dismontai a Lila di nave, intraparendomi già esser usito de la nezesità e pui nel mare spazioxo ritornare, tanto fui ripleto[154] de letizia e de devozione che quela note, rigraziando Dio e per tenereza lacrimando, mai non putì adormentarmi, né sia meravelia ad alguno, perché, dapoi tanti pericoli fosemo liberati, mai che me aricordaxe ancor dover pasar el mare di Alemania, che è grande e spaventoso, che l'animo mio non si contristaxe, però, vistome franco di tal nezesità, molto mi relegrai, e Dio rigraziando che uno poi l'altro mi conzedeva.

146. «Uno» evidentemente nel senso di "un tal". «Mafio» è nome proprio accolto dal Ramusio.

147. Cioè «ricetto», eredità ricevuta dal padre.

148. Passo un po' ostico, che Ramusio taglia. Il frammento marciano a c. 46 v. chiarisce parzialmente: «benché contra la preservatione già promesami da Dio», però poi qui si interrompe, perché purtroppo sono andate perdute le ultime carte del fascicolo dedicato a quest'opera.

149. Trascrizione incerta. Forse si riferisce al già nominato «archipiscopo», fornendone il nome proprio.

150. "Siniscalco"; la forma «sescalco» è registrata in *TLIO*.

151. A senso "indulgenza".

152. Identificabile con l'odierna King's Lynn.

153. Vocabolo definito in Simone Stratico, *Vocabolario di marina in tre lingue. Tomo Primo. Italiano, Francese, Inglese*, Milano, Nardini, 1813, con il significato di "partecipante", ossia "colui che entra a parte col proprietario della nave negl'interessi della stessa".

154. Cioè "riempito": cfr. lat. "plenum" e "complere".

Tornato a Lila di quel luoco, con un bato si partisemo andando su per la fiumera, capitasemo a Cambris,[155] tera grande dove li è studio in più facultà. La dominica fusemo ala mexa ad uno notabile monasterio, e, domentre che aldisemo[156] la mexa, uno monaco del dito luoco di l'ordine di santo Benedeto fu a me, parendoli che fuse preminente ali altri, che pur alguna riverenzia usavano verso de mi i compagni mie, dizendomi per letera poi la mexa mi voleva parlare, et a lui mi ofersi, né con dimora alguna, fenita la mexa, fu a mi e menome[157] solo in una parte rimota de dita giesia, e, poi che el me ebe interogato de mia nazione et altro, mi porxe groxi 16 in mano, dizendomi che ancora lui voleva andare al Santo Sepulcro e che capiteria a Venesia e vigneria a trovarmi, e, zetata la dita elemosina e fatoli la debita risposta, partì da me et io fui a confortar li mei compagni, [55 r.] ai qual disi tuta la istoria dila conzesa elemosina, poi se refiziasemo,[158] dando a saper ali altri che, per la divina clemenzia, pur un zorno partiti dal scolio diserto, posto che vie fuxe mancamento di pecunie, di roba mai non patisemo, e grazia Dei di manzare sempre a loco e a tempo la grazia ne iera preparata. Adonca speramo in Dio, e faziamo bene, che mai non ne poterà mancare.

Partiti de Cambris, el sequente zorno capitasemo a Londra, dove ananzi de nui andò el nochier mio con do altri puoche ore, e datosi notizia a queli mercadanti di nostra nazion e de mia venuta, ser Vetor Capelo et altri veneno per incontro lutan da Londra aspetandomi, e, quando a loro fui azonto, quanta e quale fuse la comuna letizia ogniuno discreto ben lo puol comprendere. Dismontati, a loro aplicandomi, insieme con tenereza lacrimando, a loro parendo aver ricupera' el perduto come resusitato da morte a vita, e non altramentie conduzendomi e rezevendomi in la lor casa e tuti li altri de la mia compagnia che si proprii amadi fradeli fosamo stadi, el gientelisimo e de virtù ornato miser Zuan di Marcanova, venendo a mia visitazion perché non poteva venir de fuori, a simel modo mi abraza e strenxe, e vene poi e menò sieco li besognoxi nobeli che si atrovaveno in mia compagnia nati in Candia, uno ser Francesco Querini e Piero Gradenigo nepote suo, i quali veramentie non si potevano melio capitare, perché si atrovaveno infermi e quasti per modo che, non esendo sta' la recolianza disposta et abondante famelia, loro scorevano pericolo di morte, et in quela caxa ebeno susidio e provedimenti mirabeli al suo bisogno.

Io ancora mi dove rimaxi, che fo la caxa del valoroxo ser Vetor Capelo, con lui in compagnia ser Ierolimo Bragadin, umanisimi e cortexi, e tanto abondantementie ebi i mie aconzi, inzegnandose[159] insieme con li altri mercadanti per ogni

155. Fa certo riferimento a Cambridge, con la sua prestigiosa università. La «fiumera» a cui fa riferimento è probabilmente il fiume Cam, che collega le due città di Cambridge e di King's Lynn.

156. «Aldire» per "audire" è attestato in altri testi di provenienza veneta, come si evince dallo studio linguistico di Sosnowski, *Remarks on the language*, p. 303.

157. Cioè "mi menò".

158. Dal lat. "reficere", "ristorarsi".

159. Verbo scritto nel manoscritto in maniera assai pasticciata, emendato grazie alla ripetizione dello stesso segmento («inzegnandose insieme con li altri m») che compare, cancellato ma leggibile, poco dopo.

modo de riconfortarmi et alturiarme, siché zero potexe aver mancamento; oh Signor, quanto tu sai de le tue grazie a nui da tanto travalio e pericolo e senestri[160] ne conzese che da una tanta inopia e calamità ne reduzesti a tanta abondanzia d'ogni ben: questo io el sento con el core, dicolo con la lingua e con la scritura: né io con li mei compagni non averia atrovato a gran zonta ne le proprie case tanti aconzi e conforti, né con plui carità esere fato.

E per spazio poi d'alguni zorni voleseano partire, e partì, parte di nostri compagni, che fo el nochiero Nicolò da Otranto e Piero de Andrea, per andar a suo avodi[161] e io rimasi con Nicolò, mio fidel fameio, e Alvise de Naxi, fo mio penexe, e fermò in casa de diti signori el Querino, el Gradenigo; a queli de la partenza fo dato danari e altro a suo bisogni, in modo che algun incomodo non podevano aver a suo camino.

Dimorasemo nui rimasti in Londra per zerca a mesi 2 contra el voler nostro, [55 v.] aforzandone i nobelisimi et amantisimi marcadanti nostri perché a lor pareva ancora fosamo debeli e non ben fortificati; fosemo tuti vestidi e mesi in ponto al convegno[162] nostro, e domentre che i voleseno che mi come i altri ricognosese, ne donò vestimenti e danari per cavalcadure;[163] loro rigraziando, refudai tal suo dono asegnandoli le rason perché confortandoli anpirò che in mio luogo avexeno per ricomandadi queli altri compagni como a bisognoxi.

Siché vene el tempo de la partanza nostra da Londra, e, provistoxe de cavalcadure e quida, insieme con el nobel omo ser Ierolimo Bragadin, uno di nostri benefatori, se partisemo da Londra, seperandosi da poi da mia compagnia algun de marinari per andar a suo avodi: ser Andrea Querini, suo nepote Piero Zeno, nobile candioto, che andono per altra via incondita[164] mentre che loro e nui transcoresemo l'Alemagna, andando ser Ierolimo dito per la via de Basilia; in zorni 42 amplicaxemo al desiderato porto de la patria nostra, al'alma zità de Venesia, dove fu consumata et aprovata la esaudizion fata da me per lo misericordioxo Signor Dio, interzedendo lo glorioso miser santo Agustin, la orazion che io per zorni 40 a zenochi nudi avanti el cruzifiso divotamentie aveva aplicata con spe-

160. Ramusio, *Navigazioni e viaggi*, p. 76, interpreta «sinistri».

161. Ivi, p. 77: «Per andar a far suoi voti».

162. Probabilmente, è grafia errata di «contegno».

163. *Ibidem*, Ramusio chiosa: «...volendo che io con gli altri riconoscessi in dono vestimenti e danari datine per le cavalcature e viaggio, io ringraziandoli non volsi per modo alcuno». Tuttavia, qui pare che Querini stia ancora facendo riferimento al trattamento particolare a lui riservato in quanto nobile, motivo per cui avrebbe dovuto distinguersi dagli altri anche nelle vesti, per mostrare, per far "riconoscere", appunto, l'elevata classe sociale. Tanto più che come ragione del suo rifiuto adduce il fatto che gli stesse più a cuore il trattamento di favore verso i compagni più deboli di salute.

164. *Ibidem*, Ramusio interpreta «incognitamente», poi elimina il successivo «che» e dà inizio a una nuova frase: «Loro e noi trascorremmo l'Alemagna...». Nel manoscritto, l'aggettivo «incondita» si può emendare con «incognita» (qui forse l'errore dipende dalla confusione tra i due termini latini "incognitus" e "conditus", il primo con significato di "non conosciuto", il secondo di "nascosto", dunque non noto).

ranza e fede di esser esaudido, segondo la premision di la rubrica sopra scrita in dita orazion, che cuxi in parole dize cui dirà la orazion sotoscrita divotamentie avanti el cruzifiso zorni 40 a zenochi nudi dimandando al Salvatore coxa onesta e saudito serà, e cusì la dixe, la qual comenza cuxì: "Dulzisime Iesu Criste Domine Deus verus et cetera".[165] La mia dimanda contene in parole e s'era che el Signor mi conzedexe tornar a caxa mia sano e aritrovar i mei in simel stado, et ita inveni, siché laude e grazia inzesabile e benedizione sia referido al Signor in secula seculorum. Amen.

Fenito è lo libro del naufragio del nobil omo miser Piero Querini in nel ano 1430.

165. Nel testo compare una vistosa ripetizione all'interno di una sintassi decisamente ingarbugliata. Evidentemente l'autore ha formulato due volte, in modo diverso, la stessa frase, ma poi si è scordato di selezionarne una e cancellare l'altra. Le informazioni che si evincono sono che Querini ha pregato il Signore per intercessione di Sant'Agostino, attraverso la preghiera che comincia così, come si legge nella rubrica, cioè nel titolo scritto in rosso premesso al testo: «Dulzisime Iesu Domine Deus verus»: tale preghiera è stata da lui condotta per quaranta giorni in ginocchio davanti al Crocifisso; lo scopo della preghiera era che fosse esaudito il suo desiderio di tornare a Venezia.

Il naufragio della cocca querina

attraverso il racconto
di Cristofalo Fioravante, uomo di consiglio,
e Nicolò de Michiele, scrivano

[Venezia, Biblioteca Marciana, ms. It. VII 368 (7936)]

[1 r.] Compilatione per me Antonio di Corado de Cardini da Fiorenza de 14 dezembre composto per lo referire de ser Cristofalo, omo de consiglio, e ser Nicolò de Michiele, scrivan della infeliçe e sventuratta coca Querina, orbata al longo viagio de Flandria, doppo terribilli et inauditi pericolli ocorssi, del anno 1431.

Avegna che per infiniti exemplii et miracoli al continuo siamo dal nostro Signor Dio exortati sollo per umiliar le nostre dure mente, et poco o niente ne giova, ora, a persuaxione de moderni marinari, ricordare me piaçe uno crudel viagio de innumerabilli et extremi caxi pieno, et fuori del numero degli uxitati, ocorsse ad una nave veniçiana de portata de bote 700, armata et oncrata in Candia de vini et altre mercantie per el viagio de ponente; la qual patronizava el nobille et generosso messer Piero Querini quondam messer Francesco veniçiano, acompagnata de omeni 68.

La quale dopo non pochi de[1 v.]xaxii capitò a dì 9 de novembrio a ore 15 1431 ala boca di canali de Fiandra, la quale per fortuna trascorsse largo verso levante zerca miglia 140 a una ixolla de Osanti,[1] dove con lo scandaio a mezo zorno si trovarono in passa zerca 75 de aqua, tutavia scorendo poi versso la serra, tentando la seconda volta, trovarono passa 90 de largo, e combatudi dala fortuna si trovamo aver roti çinque cancri del nostro fido timone erano al'asta de la nave, et parte de mascoli errano apicati[2] al dito timone, el qual per aiutarlo con massima dificultà se forçamo de rifortificarlo al suo usitato luoco per força de zinque cavi, andando sempre la nave volta versso ponente e maistro con vento da levante.

A dì 11 dito si trovasemo in la fine de l'ixola de Irlanda, largi da Cavo Chierra[3] çirca miglia 60, [2 r.] sempre con la fortuna scorendo, et lì trovamo do nave da le Scluxe[4] carge a Baglia di salle[5] che andavano in Irlanda, ale quale se aforzamo aderirssi per darli lengua, et con dificultade ad una sola potemo poche parole porgiere, però si acorgievemo non meno de noi aver vageza de acostarssi, che, se l'impito de la fortuna consentito l'avesse, atevemo lievemente secorsso a nostri bisogni.[6]

A dì 12 al'alba, non restando ma augumentandose plui, la extrema fortuna comprese e rupe con impedito[7] lo già debile timone, che d'ogni suo ritegno lo fe'

1. Si tratta dell'isola d'Ouessant, in Bretagna.

2. Cioè attaccati (in Boerio, *Dizionario,* si trova il verbo «picar»).

3. Oggi Capo Kerry, nell'Irlanda sud-occidentale.

4. È il porto di Sluis, nei Paesi Bassi.

5. La Baia di Bourgneufen-Retz, a sud-ovest di Nantes, era, insieme a Setúbal (vicino a Lisbona), la principale salina atlantica; da lì le navi della Lega Hanseatica distribuivano il loro carico di sale nei porti inglesi sulla Manica e nei Paesi Bassi. Cfr. Angelo Nicolini, *Commercio marittimo genovese in Inghilterra nel Medioevo (1280-1495)*, in «Atti della società ligure di storia patria», n. s., XLVII/I (2007), pp. 255-256.

6. Ramusio, *Navigazioni e viaggi*, p. 80, emenda con «suoi bisogni», ma potremmo interpretare: «...avremmo trovato lievemente soccorso ai nostri bisogni», con «atevemo» inteso come voce del verbo "atrovare".

7. Forse da emendare con «impito».

privo; in abandono, rompendo ogni aiuto fatoli, rimaxe in bando, et per ultimo rimedio li atacamo una tortiza et con quella tre giorni continui tiramosi drieto tanta inutile massa de legname, con la quale d'arbitrio ne parve scorere [2 v.] da miglia 250 e piui.

A dì 15 da matina, esendo Eollo ed Neptuno arquanto raquietati, non con pochi nostri affani tirammo in nave lo ocupante et inadoperabile legnio contratimone, già ai passati nostri bisognii adoperato, stimando del suo necesario mancamento poterlo a tempo et luogo uxare concadendo, ma per piui presto secorsso si afanavemo a fare duo timoni latini dell'alboro ed antena de mezo arotovi et uno penone aviamo de rispeto,[8] queli ali loro congrui luogi ponendo, et cusì, piui da necessità che da volutà constreti, uxamo dubioxamente, et per schifarli afanno pregitamo in mare le magnie duo spiere, over ritegni[9] atti arquanto a contradire ale seconde dell'aque e de venti, che çi constringievano contra nostro volere sempre con la nostra nave gir ala traverssa; et poche volte a nostro proposito adoperando la vela, con questi dubii di[3 r.]scoresemo da dì 20 fin a dì 24 de novembrio, la note dela benedeta verçene santa Katarina, in la quale le duo pale deli nostri postici timoni ci furono con rapina dal marre stirpati e da venti, e non de questo contento Eollo ne levò grandisima parte dela nostra optima vella dal quartier soraventto de la banda destra, onde al'alba ne fo forço calare la spogliata antena, et di quela parte dela già vollata vela ne era rimasta riponiamo, et un'altra seconda vella, ma non a sì fati temporali bastevole, la qual avevemo de rispeto, la rivestisemo e le aste de i duo vacati timoni impaçevoli ar nostri bisogni levasemo, et deli peçi incongrui, vinti da necesità, si sforçasemo fabricare, pluii tosto da chiamar ombra che forma de timone, uno altro governo, et quelo al vedovo luogo ponendo tal quale la nostra penuria ne porgieva, el quale non durrò piui che a dì [3 v.] 26 dito, in nel qual dì portandosenelo el marre rimanesemo del tuto privi de ogni sperança de governo.

A dì 27 dito, dubitando del nostro pericoloxisimo stato, commetesemo la nostra maritima sperança a li unçinati ferri,[10] tentando la distantia del fondo con lo scandaio, tanto che si trovamo la matina esser in pasa 80 d'aqua, sperando de men alteza; versso la serra si trovamo in passa 120, onde per non venire in la dubioxa note atacasemo al'ancora grosisima de respeto tre tortiçe acapiçate[11] l'una dopo l'altra a comprendere tal fondo; la gitamo nel sperato terenno, e quivi fina ala septima ora della spauroxa note ballenamo; allora per lo extremo afano de la combatente fortuna, fregandose[12] la tortiza ala nova nave, tanto debilitò i filli d'essa che, visto lo afanno dava, et la poca speranza, la tortiza tagliamo, et quela

8. Cioè di riserva.

9. Quindi "freni" capaci di resistere alla forza del mare e del vento. *Ibidem* vengono definite in nota come ancore galleggianti.

10. Sono le ancore.

11. Legate alle estremità l'una all'altra; il participio deriva dal latino "capitium", estremità, come il verbo "accapezzare" o "raccapezzare" in italiano moderno.

12. Cioè "sfregandosi".

con el ferro rimanendo nel [4 r.] marre sopeliti, con confuxione de nostri pauroxi pensieri et dolori.

A dì 29 dito, uxando con nui la intollerabile fortuna el suo biastemato corsso, pizorandoçi compagnia, da l'antena çi tolsse la seconda vella, dove per extremo rimedio sì dele reliquie de la prima a noi lasata como etiandio del rimanente de questa seconda vela dele mal composte straçia envelupamo una piui tosto ombra de contraditione appo el vento che vella, con la quale, avendo poco aiuto, andamo titubando fino al quarto giorno de deçembrio, a madona santa Barbarra dedicato.

A dì 4 dito con picola fatica Eollo innimico nostro ne privò di speranza et de afanno de piui adoperarsi a isar sartia o velle, che dela terza in numero, ma non in effeto, da chiamar vella seco ogni substantia se ne portò crudelisimamente.

[4 v.] Nota che da dì 4 dito fin a dì 8 deçembrio fomo sempre contra nostro volere obedienti ali inconstanti dii Eollo e Neptuno, di noi terminando ogni loro corsso e piaçere, sopragiongiendo poi vento a levante, tanto forçevole che si açexe al suo furore Neptuno e l'impito ingaiardì tale che di quelo sotovento saltò un collo de mare, con tanta pieneza intrando già in la sventurrata et chinata coca che quaxi piui dela mità dela banda el mare soperchioe, onerrandola confusamente; e fu de tanta quantitade l'aqua entrò che per soperchio pexo la trrita nave se ingallonò, et, dubitando abisarsi, se aforzasemo con la misericordia de Dio de cavarnela a mano, et, ogni ora plui dexavanzando, per ultimo rimedio deliberamo troncare la corona et l'onore e ardire de la devinculatta nave, e de quela l'alboro e le sartie con [5 r.] ogni suo favore al salsso e spiatato mare contro nostro volerre largamo,[13] de che, alezerata delo incomparabille pexo, se ridriçoe, votandonela po noi a manno, et ogni ora desavanzando et avendone vutato gran parte dela già intrata aqua; dove alora vedemo cosa già con tanti dileti, onori et argumenti stata preparata, alora simpliçe e nuda spoiata, sollo in le mano de li inconstanti dii tanto quanto de loro el turbato corsso si movea.

Allora el constantisimo corre et aflito spirito del pronominato patrone con zegni d'amore dete segni de silentio a mixeri compagni, queste piatosse et necesarie parole proponendo per abandonar la sventurata e non riveduta nave:

"Cari et uniti in ogni extremo caxo et deli nostri pasati et prexenti pericoli amoreveli fratelli, da poi che per li nostri demeriti piaçe a Colui che pò le anime [5 v.] nostre salvare de voler per questa via li nostri mensfati purgare, vi conforto e priego le vostre mente umile fisso tignate, d'ogni antico e moderno pecato pentendovi, açiò che se del nostro mancare l'ora venisse, como dal presente la via aperta vegiamo noi se trovamo,[14] sì contriti ogni nostra onfexa perdonando che essa Summa Bontà abi de noi sventurati misericordia, perché l'è quela che

13. Verbo che ha la stessa radice di "largire", quindi "elargire", "donare".

14. Passo oscuro. Ramusio, *Navigazioni e viaggi*, p. 82, interpreta: «...acciò che, come l'ora venghi dell'uscir di questa nostra misera e afflitta vita, la qual vedo approssimarsi», quindi possiamo intendere quel «como» una congiunzione che introduce un'incidentale («come pare in questo momento sia la soluzione più plausibile, rispetto al punto in cui ci troviamo»).

in questo et ogni altro piui extremo caxo ne pò liberare volendo, e per che stando pur in questa nave noi siamo çerti de morire, mancante el panne, lo qual piui de zorni 40 durar non puote, et cusì de nostra morte seria caxone, etiam rimanendo non sapendo che fine la dita farrà, e noi al tuto d'ogni nostra libertà privi in avidente ruina se troviamo açexi. Ma si noi entriamo in barca, cognosiamo etiamdio el perricolo del mar, ma noi più tosto abia[6 r.]mo congrue raxone da poter piui defendersi contra le spietate voluntà de nostri nemiçi, e per andar a porto de salute ne può servirre, però, quando pur de suo piaçere fose a noi gratia prestare de aver alguna poca de bonaza per la qual posamo sperar esser placati li nostri odioxi nemiçi, a me, in quanto a voi piaçesse, pareria noi aparechiesamo e preparesamo la barca et lo schiffo de ogni loro corredi al navegar oportuni, in quele metando quele poche cose ne ha la longeza del tempo senza rinfrescamento servate per vivere, e quele per rata partire. E però, piaçendovi, çiascuno di voi ordini et dichi l'apetito suo a ser Nicolao de Michele, scrivano nostro, el quale noterà el volere de ziascuno de barca over schiffo".

Onde tal avixo vene frusto, peroché nel schifo, capaçe de omini 37,[15] se ne trovò scri[6 v.]ti intranti omeni 45: cusì non aveselo mai potuto alguno tenere, onde de nova provixione et ordene parse a tuti che per sorte queli a cui tocase, queli tal dovese aparechiare el mal capitato schifo e dentro montarvi. Onde a 21 omo la sorte tocoe de seguire cotal caxone, e per lo simel ordinò alo resto, che sono omeni 45 computando esso patrone, ad eseguir el mandato ut supra.

A dì 17 novembrio, siando arquanto mitigato la violente furia de nostri concordi nemiçi, parendo a tuti nui dar modo abandonar la misera infeliçe e spoiata nave, e noi siando con lo impazante timone ocupante sì la coverta che per nullo modo avevemo sì congrua via a ponere salve nel mare le ordinate fuste, onde ne fo forzo de tanta masa far tre inuteli peçi e dar a loro quela sepultura che aveano per avanti avuti gli altri [7 r.] laçerati membri de essa miseranda nave.

A dì 18 dito, quaxi in tuto si placarono i duo nostri crudel nemiçi, de che, per dar opera al bisogno, fu necesario alçar per força la barca et schifo et, mancandone il favore del già troncato alborro, de questo et de ogni altro subsidio et governo et maistro principale, la neçesità alora çi mostrò inuxitata via, et prendemo l'arguola già stata faorevole del quondam furato[16] timone, et quela inalboramo a cavo de banda in çima de la qual arizamo duo taie, in le qual tesevemo sartie lle qual ala pope ricommandasemo[17] de la già aparechiata barca; da l'altra parte, avendo uno cavezo del bonpresso, quelo inalboramo apresso la batiola iusta[18] la cadena, armandolo con sartie e taie simelmente ricommandate a la prova de la dita barca, de la qual era apichà [7 v.] i cavi a l'argana, tiravemo in alto la prova quanto ne bisognava, ma ala pope non podevemo suplir al bisogno.

15. Ma la cifra indicata nel testo non è chiara. Il contesto suggerisce che la capacità dell'imbarcazione dovrà essere di circa 20 persone o poco più.

16. Latinismo per "sottratto", "rubato".

17. In italiano moderno è il verbo "raccomandare" nel senso di "fissare a un sostegno".

18. Latinismo per "vicino a".

Onde, astreti da neçesità, ne convene incrudelir contra nostro dexio e laçerare i delicati et innoçenti omeri de banda çerca braza due per alteza, per la quale via gitamo entro el salso marre le duo picole fuste, salve allorra.

A dì dito, çerca ore 22, conosendo noi per vere raxone et aparente eserne forzo de duo extremi prender el menore piui tosto, deliberasemo del pelago di foco usire et intrar in la fornaçe. Onde, mossi da noi medesimi a compasione, vedendosi alo extremo passo de seperarsi per entrar nela nostra dubioxa sperança, et cusì l'uno da l'altro con singluti di lacrime et caritativi abraçamenti porçendo con segno di paçe le nostre tremantte parole, con baxi nela boca rompendosi [8 r.] l'uno per l'altro et ortando[19] di pregar Dio dela nostra salute, se dividemo l'uno dal'altro.

Montarono nel periculato schifo i 21 sortiti, i quali tocò loro per rata, non secondo la penuroxa proportione dela mexa rimasta: biscoti ançi frixopi[20] da libre 300; formazo, ma non da taola, libre 80; persuti 8; oglio libre 2; seo libre 40; e poi per fertilità dela piena nave metesemo vino carateli 7, che de plui capace non era, con quele poche arnixe da cuxina che la necesità pativa. Simelmente nela già aparechiata barca entrò omeni 45 con lo già dito patrone, alo qual tocò per simel rata la loro parte de le sopra dite cosse, el qual arecove un poco de siropo de limone et zenzer verde con arquante spetie poche dexavedutamente entratovi;[21] dove fu nostro arbitrio alora esser lontani dala piui [8 v.] prosima ixolla da miglia 500 sottovento da tramontana.

Intratti in le dubiose fuste et abandonata già la orbata nave, mancante de ogni suo piui prinçipal membro dal quale se partimo, credendo con lui lasare lo sdegnio de nostri innimiçi, et prosperi dover caminare, et cussì, tranquilamente de conserva caminando cun li nostri relinquenti compagni fina ala prima ora de la morta note, tuti si consolavemo vedendo prinçipio de sì bona fortuna: aimè che la prima scurità fu nonçio de pesima sorte et fine de eterna orbità de nostri compagni perricolati nelo sfortunato schifo, et, avegna che la caliginoxa notte ne privasse dela loro vista, la sequente matina renderçi gavixi[22] della loro prexentia speravemo.

[9 r.] A dì 19 dito, aprendo l'alba, non scorverçandone moto alguno de i dubii compagni, ne fo protesto de dubioxa sorte. Onde da paura et tremore tuti se conturbassemo, dubitando quelo la perfida fortuna aveva consentito privarne.

Vene poi per ristoro l'ora de la terza, nela quale acortossi per li nostri fedeli nemiçi deli nostri progresi, non obstante avesemo fusta cambiata, non contenti

19. Dal latino "hortari", esortare.

20. In Raffaele Settembrini, *A Nautical and Technical Dictionary of the English and Italian Languages*, Napoli, A. Morano, 1879, sono definiti entro il lemma «mazzamurro», «biscotto frantumato, in Veneziano dicesi frisoppo».

21. Tale prudenza nella confessione di avere a bordo delle spezie si spiega con il fatto che a Venezia vi erano delle norme precise che regolamentavano il commercio delle merci più preziose, tra cui le spezie, da parte di navi private. Per approfondire, cfr. Frederic Chapin Lane, *Storia di Venezia*, Torino, Einaudi, 1978.

22. Latinismo da "gaudere", rallegrarsi.

noi[23] avesamo con lorro fortuna guera mutata: ançi con la loro veloçità et uxata contra de noi turbatione ingrosarenno sì e per tal modo, dicto dì, a orre 22, un collo de mare saltò impetuoxo nela nostra picola barca driedo la pope, che[24] dela piui prompta sperança avevemo, che era el fido timone, quelo seco se ne portò via, et dove el se posava per força del furore pieno duo falche lasò segnio [9 v.] de impetuabile afanno, per modo piui de aqua che de pexo la barca era onerata: la qual per aiutarlla con i debelli remi, uxando per timone, abaonavemo, rimanendo contenti far della nostra ragionevole voglia quela deli inconstanti dii, et a lor porgiendo i remi, sperando in Dio, se aiutavemo. Noi sempre poi scorendo senza riparo, di che la travaiante fusta d'aqua copiosamente se empite, onde concorendo a dovernela a mano cavare, constreti dala necesità, si metesimo a gitar fuori tuto quelo con l'aqua plui commodo ale man zi venia cresente la dubia barca; allora se acorçemo quelo la nemica fortuna per schifarla ne avea diminuito, che, del vino et de l'aqua al partire dela piena nave fertilità a nostro libido ne porsse, ora, per qual piui extremi se trovavemo, che segu[10 r.]itava per rata volevemo per riaprire gli afanati sensi, non plui de una taza al giorno. La parte debita se porgieva, e chi plui ne apetiva li convegniva asumere aqua del salsso marre, licore nemico et mortal a la suo vita. E questo durò zorni oto e non piui, da poi, vignando in mazore extremità, reduçemo la rata a meza taza per uno, durando fino a dì ultimo deçembre con onze 6 de frixopi al çorno. E nota che mai alguno de noi mai dormire fermo potea per li varii atti et dubioxi pericoli che sempre ci stavano prexenti; et cusì al timone e ora ala sentina 3 o plui non stava fermi, i qual pativano tanta immenssa fredurra, non quale sai tu, negli prosperi[25] de Venetia vedesti dele fredure copia infinita condursi al mar çelo, e como etiam andar da quela a Mergera supra [10 v.] lo suferente e sodo giaço una spoxa a marito in careta con molti pedoni, avegna la raxone[26] fuse temperata a rispeto de quela dove eravamo noi, in storpiata barca freda con moli pani, privi de vivande, fuogo, niuno riposso et conforto, né da mutarssi agio, nella buglia et cruda stagione de ore 22 la note, o plui, ne sensi de nostri tormenti; nei quali dexaxii fo de 45 spirrò in questo 26, che è meraveglia se alcuno rimasto ne sia, i quali quando uno, quando plui al dì mancareno da dì 23 deçembrio a cinque de çenarro, et cusì mancati, el mare dandoli per sepultura, da noi aiutati con queli pochi aiuti e conforti le nostre misere et estreme[27] ne obligavano, sofrendo morte per quela fugire,[28] di che comminçavemo a perdere i

23. Nel testo «no» è stato qui emendato con «noi».

24. Da intendersi "tanto che".

25. Qui forse manca una parola, forse "usi", nel senso di "costumi" agiati, fortunati, prosperi di Venezia, in contrapposizione al freddo estremo del Nord Europa, dove il freddo non è nemmeno comparabile al gelo che una volta ha colpito la città veneta, e dove questo equipaggio non ha nemmeno strumenti per difendersi, visto che ha l'imbarcazione danneggiata, i vestiti umidi di acqua, è senza cibo e acqua, senza fuoco e senza riposo.

26. Cioè "regione".

27. Manca un sostantivo per questi due aggettivi, forse "forze".

28. Passo di incerta interpretazione. Forse s'intende che si pativa la morte proprio nel tentativo di sfuggire ad essa, affermazione che verrebbe spiegata subito dopo con la descrizione degli ultimi atti dei moribondi, che cercavano in tutti i modi di addentare qualcosa.

sensi stabili, çoè i piedi et paulatim sormontando tal fredura verso il core s'and[11 r.]avamo relinquendo et giongiendo la freda morte, quelo vinçea per modo una canina rabia e mordaçe li venia che nel loro aprosimato transire l'apetito asedato et famelico çercava devorare lo plui aderente compagno con quelo picolo vigore che gli era ne li denti rimasto; potendo[29] et soperchiato el mortal fredo la plui alta parte del corre, vedevi lo spirante corpo cribrare[30] la testa, qual de so ucelino morendo nela penuriossa cabia stramazato abandona la vita.

A dì 31 decembrio, mancato in tuto el vino e visto la experientia de nostri compagni 26, morti per lo maritimo berre, la neçesità ne fe suferente stomaco, et la experientia ne parsse salubre conseio de sumere per licore el nostro superchio umido vacante per orina, e già erano [11 v.] queli uxi averne in abondantia che mancando l'intrata non poteano le loro sete tolerare non che sanare, ançi aveano per suma gratia averne impetrandola dal compagno, e tale già li contradisse a suo propio scampo per servarla; vero è che alcuno la mortificava con alquanto de siropo de zenzero verde o de limoni, o spetie rimaste a caxo: fina ai dì sopra diti, 5 dì de zenaro patimo tal vita.

A dì 3 zenaro ne aparsse la prima vista terena, che molta speranza ne porsse avegna fosse distante, veduti alguni scogli sopra colmi de infinita neve, a li qual, per esser li venti contrarii con la vela, ne gli remi aderir non si potevemo per esser di noi ad ogni afanno e dexaxio vinta la natura e indebelita: di che se aforzavemo scorere streti secondo el vento, et non potendo, li trapassavemo, queli de vista perdendo del tuto.

[12 r.] A dì 5 dito, avemo vista de uno altro scoio sotovento, el quale scorto del tuto se aforzamo acostarssi perfina al meço giorno, et visto noi esser soprani et da quelo lontano, alzamo la vella per tirar ivi, et zerca l'ora terza dela note vi fumo presso: et forsi con tuto tropo, che se 'l non fosse stati i nostri prospicaçi simi provieri che delo oculto scoglio petroxo se acorse, dubitando avixò li nostri tremanti timonieri che a pogia tirasenno noi de naufragio manifesto et çertano pericolo portavamo per de soto sasii dubii al nostro debille stato, per lo qual avixo miracoloxamente fummo entrati tra duo scogli, luoco limoxo e quaxi non de piui corpulentia[31] che la nostra trita fusta fusse: per ogni suo parte era petroxa, ruida et innavicabile; sopragiongiendoçi da Dio, lo qual de tanto dubio ne cavò salvi, per che alora non obstante molta aqua onerase la scominata[32] barca, [12 v.] la quale poi con poco afano risecamo, et da Dio parea et era donno che secondo gli extremi bisogni ardire de mente et de corpo ne porgiesse.

29. Da intendersi probabilmente con "bevendo acqua di mare".

30. Forse significa "girare la testa in modo innaturale", ma non si è trovata alcuna altra attestazione del termine. Il verbo latino corrispondente "cribrare", cioè "vagliare, valutare" non fornisce alcun aiuto, e nemmeno il riferimento all'italiano "cribro", il crivello.

31. Intende "larghezza".

32. Participio che ha la stessa radice del verbo "sgominare", dal latino *ex-combinare, essere scombinato.

Et velizando poi ala via de uno piui alto scoio, noi avamo vista de una concava valle fra duo monti posti, nela quale volendo entrare, era l'ora terza dela note di tale dexaxio, lo mar e lo vento ne privoe del tuto. De che riscaldati de prosimana et salutevole sperança, repigliamo vigore, et prendemo li tanto riposati remi con l'aiuto divino; remizando, intrasemo in la già stata vale, al suo prinzipio, aponto nel men dubioxo luoco nel quale tantosto come sentimo la barca tocare l'umida renna, çinque de nostri compagni, piui dexiderosi de bevere che d'altro riposso, se gitarono al'aqua senza alguno rispeto, in la qual, non meno bassa che al peto, tuti se sopozarono,[33] poco curandosi tiravano ver[13 r.]sso la poco distante neve, di quella con summa avidità gustando che, cusì como di fuori eranno molli umidi, se trovarenno stanchi ma non satii, a noi poi portandone copia infinita, la qual non con menor letiçia gustavemo che el fedito çervo dali cazatori rincorsso, al fonte gionto, çerca el licore; di che rimanevemo tuta la note conservatori del sbatimento del mare de la strasiata barca, di nostro iuditio che avendo scorso con quela debile fusta zorni 19 dal dì primo della infeliçe nave, fu questo a dì 6 zenarro, venuti sempre tra griego e levante, sospinti non da menor venti che miglia 5 per ora al continuio, nui eravamo trascorssi da miglia 2500 vel çirca.

A dì 6 zenaro, aponto el zorno dela solenità dela Pasqua dela Epifania, noi a questo arido luogo chiamato l'ixola di Santi,[34] dexabitada, in la costiera de Noverga, sotoposta al reame [13 v.] de Datia,[35] in tera montamo omini 19 solli, lasandone duo altri ala guarda della dubia barca, açiò che dal sbatimento del marre quela laçerata non fusse, e quivi in men scoperto luogo da venti se riduçevemo. Con lo faxille aiutato da uno poco de stipa[36] et dal favore de duo già stati nostri remi, se ingegnasemo de acçendere alquanto de salutifero fuoco, el quale vistolo, la natura prexe arquanto di memoria dele agielate e frede membra; e per spauroso prinçipio questa prima note, trista per li già narati dexaxii, tre de nostri compagni spira dela lor vita l'ultimo suo termene: e li duo rimasti ne la barca, visto che nulo li andava né andar poteva a darli socorsso ni scambio, abandonando del tuto la barca e suo corriedi, fredi tremanti et semivivi ne vene a trovar, dove [14 r.] se spechiarenno nel dubioxo et spegnente fuogo. Et compreso noi questa tal ixola esser inabitata, et scorçendo chiaro preso a questa eserne un'altra che mostrava sembiante d'abituro domestico, unitamente deliberamo provare a quela aplicare. E, rimasta la barca in suta terra per la salata marea, quanto men debelmente potevemo la astopiavemo,[37] ritornandove drento quele poche arnixe ne restava per montarvi suso con lo nostro nuovo cargo, che era sospiri et pensieri e neve.

Dove entrati non plui ca el numero de 5 di noi, la combatuta e tempestata barca per le resistençie sue et percosse antiche et moderne aperse et mostrò palexe tute le suo gionture, che chiaro iudicamo lei aver magior bisogno de medico che de affan-

33. Cioè si inzupparono.
34. È un'isola delle Lofoten, probabilmente l'odierna Sandøy, in Norvegia.
35. Nel mappamondo di Fra' Mauro, la Datia corrisponde alla Danimarca.
36. Cioè con il focile (pietra focaia o acciarino) e con un mucchietto di legna secca.
37. «Astopiavemo» significa "cercammo di renderla impermeabile rivestendola di stoppa".

no; la quale, dal pexo gravata, se scommisse che subito piena d'aqua saparechioe per tuto, di che ne fo forço [14 v.] arecar novo pensiero. Et cussì molli smontati, quela in piana terra lasamo e del tuto piui sperança incomoda ançi starli soprana.

Ora sopra noi se ingiegnasemo adatarla, dela quale non cusì tosto né sì atualmente manco ne lo laçerare si oferse, la scantinamo in duo peçi e dela magiore porçione façesemo capana una capaçe de 13 de noi, l'altra piui densa parte, un'altra capaçe de cinque, e dele reliquie sacrifitio a Vulcano speso façevamo: e sempre senza aprire fanestra, licito siandoci poder cognosere de l'ordine et cussì del çiello la sua circunferrentia.

Mancandone in tuto ogni substantia de çibo, andavemo errando su per li extremi liti del mare, dove ne porgieva la natura el vivere, et dove alguni vermiçeli chiocole e pantalene [15 r.] per sì medesima natura substentava, e di questo, non quanto né quando volevemo, ma quando potevemo con picola quantità, e de neve molta mescolatavi erba fixolla, in secondo grado amarissima, in lo caldarone bolita, si gustavemo, ma non satiavemo, agiongiendo zerta erba, del nome ignorando, qual fra sasi alguna volta trovamo, ma poca; et cusì 13 giorni, con poca carità per la extrema penuria venuta, di che se vardavemo l'uno dal'altro, uxavemo la vita caprina et bestiale.

Perseverando in sì aspra e crudel vita, acadete che per li inconperabilli dexaxii 5 de nostri compagni del magiore riduto, aponto dove erra el patrone nostro, spirarono del corpo la dubia anima, voti presso noi rimanendo, dove ne fu forzo ivi lasarli, con picola sospinta da noi [15 v.], dilongati per li sì indebeliti nostri vigori che non eravamo posenti a llevarseli dagli ochi, nonché dar loro sepultura; et per lo extremo gielo e per la loro pasata abstinentia nulo fetore del morto corpo avevano, né dare potevano, tanto era i nostri corpi voti et purgati che le visere non poteano essere conturbate né tinte, anci ve dico che non avevamo prima absonto con boca la gielata neve, la natura ale extreme parte di noi quela via uxava a mandare mandava, tanto era aguta e la via lata per le già padite fredure che poco e non ponto de retignimento vi poteva esser ad extegnirsene, ançi eranno sì spesse quele volte che la voglia venia che non çi serviva lo tempo de levarssi diriti per andare a liberare lo importabile pexo. Lo qual per la abreviata natura, ne convegnia sopra i morti corpi de nostri compagni quela spargiere inonestamente contra nostra voglia.

Aveane la freda staxone reduti a tantto [16 r.] bisogno che, quaxi cuxiti l'uno apresso l'altro, stavamo streti et, coperto lo nostro riduto da lato, de sopra da una parte dela nostra quondam vella si riteniva el fumo che noi per lo suo callore, piui tosto amandolo che noiandolo, venisemo in pochi giorni per lo ingrosare de quelo non sborante che ne feçe enfiare le zonture dei piedi, gambe et ochi, che l'andare e vedere quaxi del tuto ne era tolto; multiplicandone per le nostre bruture e lordure adosso retenivemo per impotentia mutarsi che quaxi erano plui li vermi sexscupidoxi[38] aviamo adoso che i pelli ne aveano la natura produti, de queli le manate

38. Cioè i pidocchi.

plene gitavemo nel fuoco, dala cui penna uno tenerro nostro scrivanelo adolosente fu nostro iuditio queli abominevoli vermi a fin el conduçesse di morte.

[16 v.] Errando parte de nostri compagni per lo inabitato e silvestro sito, li vene a caxo in notitia de uno solitario et antico riduto già stato de pastori et resalvato al futuro tempo verde, posto a lato in la costiera dela dita ixola in la parte da ponente, distante dal primo nostro riduto çerca mia uno e mezo latino, nel quale solo sei del numero de noi oto rimaxi, in quelo per menore incomodità patire, ivi transferir se deliberamo, rimanendo gli altri duo compagni soli nelo dito, per esser loro pedimentati al venire et noi impotenti ad condurli, posito sempre masime giunti in questa ixola de la penuria neçesitoxa farne constreti, a ogni carità del prosimo fugiendo, s'aplicava a se medeximi per non poder tolerare lo incomperabile pexo famelico, lo quale cussì ne sforçava; avevano trovato per gratia singulare queli sei cussì transferiti, como fo prop[17 r.]ria voluntà divina, la quale, como nel dexerto satia çinquemillia criature de zinque pani e duo pessi, cusì a questi mandò uno pesse chiamato porco marino, over pese balena.

Lo qual considerando eser sula renna del lito, gitato dal'aqua, morto, fresco, grasso asai e buono, la fede ne porsse ardire esso Dio satiar volle li tanto estenuati corpi bisognanti di quelo; onde gli altri nostri cinque compagni citadini del picolo et secondo riduto, sentito questi 6 avevano tal preda et dono aquistato et secreto tenendolo, forsi fazendo l'una brigata al'altra quelo l'altra façeva a l'una, si moseno che sì per amor aver potevano per força la fame l'induçevano crudeli a volere la persona a cupetaglio metando, et esendo per avanti già sdegnate le loro mente per eser divixi et poco ati ad umiliarsi, prompti a contradire [17 v.] l'uno al'altro, prima la vivanda che la vita, et se 'l non fosse la incoruptibile umanità del pretioxo e patiente spitito del prenominato patrone, lo qual con condecente parole se ingiegnoe de mitigare, ma non sì tosto i scuri colmi de divixe passione et al consortio et compagni cari et vinti plui tosto sanguinosa fine che famelico ma con lo divino aiuto tuto riduse a pacifico stato, di che da po' ogni giorno unitamente tuti 11 non pedimentati compagni si trovarenno al convito divino di tale pese, con lo quale 9 zorni continui çibamo condecentemente e bene;[39] mandò nostro Signore el suo divino socorsso, però queli zorni 9 foreno sì copioxi di venti con grandine, piogia et neve che nulo modo la tempestosa riva non çi averia lasati un passo usire del terminante nostro sito.

Consumato el dito pesse, arquanto calò la rabioxa fortuna di che, constreti de neçesario çibo, como per famme el lupo, [18 r.] del bosco con risco usendo, le domestiche caxe d'altrui va tentando, cusì noi, per suplire al dito apetito, usiti de la capanna, andavemo con non poco afanno su per li duri dosi, qualche natural socorso zercando, che per mancamento ne era forço inquerire soto la folta et agiazata neve per ritrovare del'erba, overo sterpi, la quale ale volte trovavemo sì

39. L'intero periodo si presenta sintatticamente contorto, quando non di ardua interpretazione, tanto che potremmo ipotizzare la caduta di qualche parola.

durra et riarsa che da poi ch'erra nel caldarone bullita ma non cota, con la denevica aqua pur se la punivamo ala fuvida boca, o strame o fenno[40] fosse, la qual molto ragumatta,[41] sì per eser le nostre gorçe a tanta rigideza inusitate, tragiotirla non potevamo salvo d'essa qualche licore acçerbo ne usiva. Et cusì la natura, che de poca et minima cossa si contenta et nutrise, fino a dì ultimo de genarro con volti paventosi çi governò, sperando fra lo qual tempo, per avisso de alguna orma seco et riarso dal fredo vigiamo già per [18 v.] antico quelo eser stato pascolo de domestiche ferre, et cusì dover eserre al primo tempo verde. La qual materia ne dava plui ferma ma tarda speranza de salutevole fine, et con questa toleravemo parte de nostri afliti et angosoxi pensieri.

Quando al nostro summo Fatore et piatoso Signore l'ora parve de redure a salubre porto le suo afanate pecorele, e de pregarlo per darçi la vita, poco fu mestiero; ma esendo l'anno dinançi a uno pescatorre e çitadino de l'ixola de Rusente,[42] abitata apresso questa a miglia 6, smariti duo vitegli e de loro mai alguno sentimento autone, ne sperava; et alora per divino miracolo a uno figliolo del dito pescatore vene vixione con ferma credulità che li loro duo viteli erano preçixe sopra questa ixolla dove erammo naufragati, çitadini aponto da la parte de ponente dove mai tal lorro avenimento non era comodo, uxitato né pratico in alguno modo, onde lo ditto [19 r.] garzone de etade de anni 16 pregò teneramente lo patre e confortò uno suo fratelo a farli compagnia per ritrovare li duo vitegli smariti, i quali, dopo molti raxonamenti et raxonevole contraditione, andareno loro tre con una loro barca da pescare: et aplicareno aponto de rimpeto a noi, e proprio qui, plui che d'ogni altra parte del'ixola, et, quivi smontati, smontareno[43] lo vechio padre conservatore de la loro barca dal sbatimento del mare; e loro, tirando al vixionato luoco per ritrovar la preda, videno fumo salire in allto nel loro usitato coviglio, onde teriti[44] smarirono cui donde e per che via a questa staxone esser potese talle fumo façese, et comprendando quelo convenia venire da sensso umano, molto piui stavano stupefati et, per tentare chi de tale novità caxone fusse si palexase, alzareno illoro idioma voçe conforme ala novità. Onde noi, quamvis cotal strepito sentisemo, per la non uxitata et [19 v.] non raxonevole apariçione dubitamo piui tosto non fuse già ragiature[45] de corvi ca voçe umane; et questo ne iudicava avere de pochi dì avanti veduti sopra i miseri corpi di già nostri compagni prostrati moltutidine de corvi adunati a dilaçerare, et cadaun de lorro si forzava de brutare con repentine voçe l'aer sterminando; ma via piui le vive voçe accostandosi di puri garzoni da Dio per noi salvare mandati, quele con piui chiareza intrando in le nostre avide orechie et dexirose ogni novittà sentirre scorgievamo fin quela ora esser stati gabati, e

40. Paglia o fieno, qualunque cosa fosse. «Fuvida» a senso significa "avida".
41. Cioè ruminata.
42. Røst.
43. Forse, errore per «lasciarono».
44. Latinismo da "territus", "atterrito", "spaventato" (participio passato di "terrere").
45. "Racchiature", cioè il gracchiare dei corvi.

che queste era virile voçe: onde ser Cristofal Fioravante usito del repostiglio, et visto li duo garzoni cridò verso i compagni che ancor giaçevano entro: "Suso brigata! Eco duo schiavoni!". Onde d'uno ardente dixio açexi si levamo versso queli tirando et loro a noi aprosimati et visti subita et zerta novità trafinti,[46] forte si smarirono et, [20 r.] mirando l'uno l'altro de loro, pareano alienati, dubitando della loro vita. Noi, da contrario pensiero aumentati et da çerta speranza confortati, con çegni et ati de umilità li porgievemo giesti giudicati per natura elevare ogni suspeto, varii pensieri movendossi o de retenire uno, over ambi duo lorro, o de andar uno o doi con loro, ma pur dal Spirito Santo consegliati, non intendando lorro, né loro noi, con dolçe maniere tiramo al padre lorro aspetante in la loro unica barca; lo qual, quando ne vide, e da loro avuta de tal novità informatione, prima per noi zercò o[47] se nela dita barca erano vivanda alguna, senza induxia çercando con tuto menarzi con lorro Girardo de Lion sescalco, et Colla d'Otrrento, duo nostri compagni piui pratichi al paexe per che erano piui copioxi de idioma et plui noti de Ponente; noi lasando [20 v.] con verde speranza de nostra salute, se partirono. Compreso el nostro naufragio, visto le reliquie dela nostra quondam fusta, le poche arnixe maritime romaxone et le nostre neçesarie vestimente piui degne che a salvatiche ne' paexani non se rechiedeva, subito el vechio ne mostrò sembianti aver noi non esser pericolati e persone da servire, de che tornamo lieti al nostro argoriato[48] coviglione insieme.

Concorsse popolo infinito, aplicata la loro barca a Rusente: visto degli nostri duo compagni sì la novità, sì l'aspeto et sì li giesti, como eziandio li loro adobamenti, e dela loro novità i lloro nativi marinari domandando, furreno stupefati.

Onde smontati, per esser intexi, da plui diversi idiomi foreno tentati: ultimamente uno saçerdote alemano del'ordine de predicatori con uno de nostri duo compagni iti se intexeno in todesco assai congruamente, et per tal modo [21 r.] foreno chiarificati qual e donde e per che via qui tanto miracolosamente erano capitati; onde el prete prononziò ala giexia el secondo giorno questo caxo, confortando ogni omo che gli desse favore et socorsso.

Noi rimaxi aspetanti e creduli subito a l'altra matina de veder ritornare la già ita barca per ridurne a salutevole porto, la quale non tornando varii pensieri ne ocorsse o questa esser stata barca de mazore fusta venuta qui per suo bisogno e noi negandoli, e però sono ritornatti non reversuri[49] a noi, l'altro pensiero dicea forsi nela marea s'erano o tuti opur i duo nostri periti; e masime vedendo tanta dimorança de duo giornate in sì poca distantia, onde, oltra la amaritudine dela

46. «Trafinti» sarà da leggersi "trafitti".

47. Congiunzione che rimane sospesa: potrebbe essere la spia di una frase o di un complemento dimenticato dal copista, dimenticanza che, del resto, chiarirebbe anche il senso del discorso.

48. Forse significa "tormentato", dal latino "angere", "affliggere", "affannare", attestato per esempio in Petrarca (cfr. "angere" in *Lessicografia della Crusca in rete* consultabile all'url http://www.lessicografia.it/index.jsp).

49. Costruzione latina col participio futuro, che potremmo intendere: "senza probabilmente più rivolgere i loro pensieri a noi".

melinconia, avevamo sì poco atexo al procazo dela nostra vita che quaxi dezuni eramo pasati d'ora in ora aspetando salvo, per çibo uxando alguno resto de sevo antico et lordo della monizion dela perricolata nave con la [21 v.] predita nevica aqua calda, quando, per lo ricordare del catolico prete, i çitadini de Rusente con sei fuste copioxe de ogni licore uxato per lo suo vivere, a noi per noi çibare, zonseno a dì 3 febraro, avidi de menarçi ale loro ubertoxe maxone per restorare[50] i nostri tanto estenuati corpi, bisognanti di quele; et cusì recreati et po' guidati, e reçetatti fummo a dì dito, dove con sumi restori portone, plui novi[51] per tropa gratia, et rincresevoli per tropo avidità, di che ne parea dal'un zorno a l'altro, quale colui che ha dal corente laçio el collo levato per lo subito taglio fato nela texa corda con l'afilata spada, che poi incolume se ritrova.

Erano rimasti nel nostro poco sito duo nostri pedimentati compagni insienti de tale avignimento, de qual dito a questi catoliçi paexani di lloro et simele del seperare de nostri 14 compagni dereliti senza sepultura, i quali [22 r.] interposeno, et ordinarno consertio plui catolico che sumario insieme con lo prete con i rari salmi et croxe andaseno con plui fuste, sì per dare tosta sepultura a corpi morti como e magiormente per ridure a porto de salute i duo rimasti afliti et tribolanti nel coviglio, li quali, a l'ixola gionti, adoperarono dela misericordia la septima et ultima operra in li già nostri transiti compagni, al numero de quali sopelirono uno de i duo rimasti pedimentati, lo quale trovarono nel coviglio spirato: pensa como che l'altro confortato et consolato non che diçibato stare dovea; ma cusì vinto da paura e da dexaxii, con poca vita lo conduseno a Rusente; e quivi l'anima sua dal corpo fu constreta de spirare; lo cui corpo dal prete, dal populo de Rusentte e da noi ebe sconsolata sepultura e compagnia lacrimoxa.

Gionti noi 11 a Rusente, smontamo in caxa del nostro primo guidatore pescatore, [22 v.] nela qual entrati, el prudentisimo nostro patrone e guida miser Pierro Querino uxò dela sapientia uno atto umillisimo che, vista la consorte, la volse ricognosere per madona gitandose ai piedi di quella per basarli, cossa inuxitata a' loro siti, pur da lei e da tuti de caxa eramo recetati qual loro proprie criature fosemo.

Quivi è çerca 120 anime de pescatori abitanti in 12 caxe, overo reduti, i quali non vive de altro mestiero che del pese che pigliano, et i sono dotati dala natura saver far reti, cesti, fuste, et zeneralmente ogni suo caxo et artifiçio li besogna, deli qual baratano le loro fatiche l'uno dal'altro pur comprando pessi sechi al vento, lo qual si chiama in loro idioma *stocafissi*; et cusì, portandoli per tuta Datia, Svetia et Noverga, reami sotoposti al Re de Datia, con loro curami o panni o victuaglie a loro bisogno baratano; né però tra loro è forma o stampa de alguna moneta.

[23 r.] Quivi se çiba pesse de molte sorte, latte vachino, agro e dolçe pan de segalla, e de quela fanno çervoxa per licore.

50. Nel testo compare «ristore», facilmente emendato.

51. Ramusio, *Navigazioni e viaggi*, p. 92, emenda in «nocivi», nel senso che erano troppo abbondanti per il loro stomaco abituato a patire la fame.

Quivi se veste pele boine,[52] pani grosi, et uxano quaxi sempre in giexia, et al divino culto portano in ogni caxo summa riverentia et amore.

Quivi sono le creature de tanta simplicità de core et artenti al divino precepto che non sano in alguna guixa che sia fornicatione et adulterio, ma uxano quele propria Eucarestia et sacramento, et, per dare di çiò exempio, dico noi eravamo in caxa de questo pescatore et dormivamo in uno sito dove proprio lui e la consorte in uno leto dormivano, et apreso el suo leto dormiva le figliuole et figli; et noi in tre altri leti purre contigui al loro, et de l'andar a posare o spogliarsi o levarsi de noi nulo sentimento de sospeto avevano, ançi dico plui che quaxi de i duo dì l'uno lo maistro de la caxa se levava a ore 4 o plui avanti lo levare condeçente, lasando in leto la moglie et [23 v.] le figliole, andando a pescare, de noi façendo quela propria stima che se in le suo braza l'avese d'ogniora.

Quivi è d'ogni avaritia spenta la radiçe, però in alguna guixa uxano né porta cossa[53] né altro vano[54] da serare per sospeto alguno, salvo che per silvestre ferre o domestiche.

Quivi è sì giunta le lor voluntà con Dio che d'ogni loro caxo de morte naturale o padre o marito o figlio o altro plui caro grado, quando l'ora venne se uniseno consorti et amiçi a pregar Idio per l'anima et ringratiarlo de la sua voluntà venuta et adimplita, non avendo né mostrando alguna sentila de dolore, ma convivendo insieme lodano Idio.

Veramente posamo dirre eser stati da dì 3 febraro 1431 fina a dì mazo[55] 1431 nel primo zerchio de paradixo, a confuxione et obrobrio de costumi italiçi.

[24 r.] Quivi sono l'instate le done uxate andar a çerti bagni, ali qual volendo andare escono di caxa loro nude como naqueno, nula altra copertura, ançi ne dopo[56] ca una scopa nela mano, plui per usanza ca per rossore, tanto viveno naturale et simpliçemente: di che noi visto el frequentare d'esse se ne pasavemo lievemente quaxi como lorro.

Quivi da dì 20 novembrio fin a dì 20 de febraro la note è de scurità ore 21 o plui, non abscondendosi mai la luna del tuto.

Quivi da dì 20 de mazo fin a dì 20 agosto sempre si vede tutto il solle, over parte di suo razi mai non manca.

Quivi usano copia infinita de uçegli bianchi da loro chiamati *muxi*, ma in nostro idioma chiamati cocali marini, i quali uxano una domesticheza asai plui nota ca columbi, e sempre par si pasano de stridare, ma quam primum i zorni sono

52. Qui la relazione contraddice quella di Querini, che sosteneva che gli abitanti vestissero solo con panni di lana provenienti da Londra e altri luoghi «e non d'alguna pele» (cfr. c. 51 v. del manoscritto vaticano).

53. Dal contesto si intuisce che «cossa» vale "chiusa".

54. Nel manoscritto è scritto «vaxo», facilmente emendato.

55. Nel testo compare la variante erronea «marzo».

56. Forse errore per "ne dopra".

dilatati e 'l sole sia alto zerca ore 4 [24 v.] a l'andar a coricarssi, alora i di' uçegli restano de stridare, e le creature sen vanno a riposare.

Quivi se piglia pesse pasere de mirabole corpulentia, e perché a noi è notisimo, ardirò dire senza dubio vedemo pasere longe pie 6 1/2 e large piè 2 et plui, alte piè 1 e de pexo da libbre 250 e plui l'una.

Quivi sono pelle d'orsi se pigliano çircumçirca de piè 12 l'una, et bianche qual candida neve, cossa incredibele ali inexpertti.

Soprastemo in dito loco zirca zorni 41[57] per aspetar tempo congruo al nostro ostieri, el quale voleva pasare in Datia con lo cargo suo, uxato del pesse *stocafisi*, el quale è aponto lo mazo dove questi paexanii si mutano, conduçendoli per li tre reami del Re de Datia, per quali baratando ale penurioxe cosse mancano a quelli.

[25 r.] A dì 14 mazo vene la dexirata ora del volere cusì lo passo e lo vixo volgiere verso la tenera et amorosa parte,[58] como avevemo l'animo, et lasare lo caritativo sito de Rusante, dal quale combiato prendendo loro con çigni quanto per le parole delo interpeto comprendere potevamo noi, a queli sumamente se riputavemo obligati, e fati li debiti saluti sopra una sua fusta de portata de botte 20 caricata deli pessi, guidandolo el nostro ostiero, se partimo per tirare a Berma,[59] primo luogo ato al suo spaço, lo qual loco è distante da Rusante da miglia mile latine. La qual fusta da loro, che erano 6, et noi, rimasti 11 vivi del numero de 68 dela afocata nave, suso questo dì montamo, sì como da 17 marinari tal fusta gloriar si potea esser guidata. La qual scorendo per zerti driti et securi canali via optima et piaçevole sempre dali remi guidata, andavemo, ma forsi miglia 200 dilon[25 v.]gati da Rusente, ne vene trovanti zerte reliquie de corbami overo forcami del nostro quondam schifo per queli dechiarandone esso con lo cargo de nostri 21 già stati compagni in tuto erano perricolati.

A dì 29 de mazo, al Tronto,[60] in la costiera de Norvega, loco del Re de Datia, dove se pose l'onorato corpo del glorioxo santo Allao, dovè 10 giorni asogiornare per aspetar pasaço conforme al nostro camino, et non lo trovando lasamo lo nostro osto da Rusente con li figlioli et compagni et la sua fusta, partendo con despllaçere, combiado per seguir nostro camino prendesemo, ricommandandozi a Dio.

A dì 14 zugno se partimo dal Tronto per tirare a piedi, et tiramo a Vastena,[61] loco pur del di' reame de Svetia pur sotoposto al Re de Datia, dove è la masela e parte del osso de la testa de madona santa Briçita, nel quale dì abiando raxonato per lo nostro socorso de andar [26 r.] a ritrovare a Stintinborgo[62] miser Zuan Fran-

57. Numero erroneo, visto che i naufraghi si fermarono in quei luoghi per tre mesi, come più volte dichiarato in entrambe le relazioni.

58. Latinismo per "territorio", "regione".

59. Bergen.

60. Trondheim.

61. Oggi Vadstena, in Svezia.

62. Probabilmente si tratta del castello di Stegeborg, sulle coste svedesi affacciate sul Mar Baltico.

co nostro zitadino venitiano, onorato barone del Re de Datia, luogo distante dal nostro dreto camino zornate 30 o plui, di che duo di nostri compagni, plui veloçi al caminare che doti, se tirarono inanti forsi duo balestrate, e trovate duo sigiate[63] strade se misse sé par la men[64] usata, ma piui alpesta e curta, dove per quela gionseno et pasano Vastena a dì 3 luio, et noi rimasti 9 compagni zonzemo in Vastena a dì 5 luio, e lì riposamo.

A dì 6 luio partimo da Vastena, e zongiemo a Stintinborgo a dì 14 luio in caxa del spectabele cavaliero avixato del nostro infortunio et camino, dove con letitia trovamo i duo nostri smariti compagni, con queli asai alegrandosi.

Al qual zonzere, ben dimostrò el famoxo cavaliero quanto odore[65] sia ai compatrioti e dolçe lo rivedere et conversare con queli, et masime versso gli afliti et vesperiati[66] da la incostan[26 v.]te fortuna; costui satiar non si poteva onorarne, çibarne, rivestirne, prexentarne et donarne pecunia per li nostri futuri bisogni, instando con degne cavalcature acompagnarne con cavali 70 duo zornate, sempre per lo suo teritorio pasando, e da puo' prexo combiado da noi quanto le nostre calamità pativa oferendosi ne ricommandò al fiolo, el quale con 20 cavali ne acompagnò infino a Vastena donde eravamo partiti e quivi arivamo a dì 30 luio, dove indusiamo fin a dì 2 avosto aspetando pasazo conveniente al nostro dexiderio.

A dì 2 avosto partimo da Vastena et tiramo a Lodexa, lizentiado lo nato del glorioso cavaliero, al quale referimo degne gratie, et rivamo a Lodexa a dì 7 dito, in lo qual luoco ritrovamo duo pasaçi, l'uno per ponente, l'altro per Alemagna bassa, e quivi se dividemo voluntariamente.

[27 r.] A dì 27 avosto noi Cristofalo Fioravante, già stato omo de consiglio dela abisata nave, e Corado de Lione, stato sescalco di quela, et io Nicolò de Michele, de quela stato non contento scrivano, se partimo dali altri nostri 8 compagni, loro tirando a ponente, e noi versso Venetia per via de Storich:[67] da poi molti monti, vale e fiumi e rivi, quando a piedi et quando a cavalo, con aiuto del onipotente Dio, sempre fingiendo andar a Roma, capitamo ala nostra dexirata çità de Venetia a dì 12 otobre 1432 sanni e pizorati, lasando a Lodexa lo dito terzo compagno, el quale tirò versso la patria sua, tirando gli altri 8 compagni partiti da noi verso Engeltera, i qual sono questi misier Piero Querini sopradito patrone, lo quale avanti questi caxi era visso tanto delicatamente per esser corpo di gientile complesione, composto fisicamente più tosto che civilmente se nutricava. Onde la inconsiderata [27 v.] fortuna volsse per sì contrarie mediçine e siropi fatoli gustare risanarlo: in tutto oçi di sé può dire como ogni altra partte del suo stato e pensiero ha mutati.

63. Cioè "segnate".

64. Nel testo «man», facilmente emendato.

65. Qui probabilmente c'è un errore di trascrizione.

66. Non si sono trovate attestazioni per "vesperiato" o simili; probabilmente il termine è da emendare con "desperati", tanto più che è attestata nel Trecento la costruzione "essere disperato da" (cfr. la già citata *Lessicografia della Crusca in rete*).

67. Rostock.

Cusì lo vigore densso in robusto ha trasmutato miser Françesco Querino quondam miser Iacobo, miser Pietro Gradenigo quondam miser Andrea de quela marcadante, de etate de ani 18, cosa imposibele a dire, ser Bernardo di Carlieri olim nochiero dela sepedita nave, dela quale sì per la distantia trapasata del tempo como per esser piui volte verificato quela esser perita del tuto, e di çiò in contrario nula nova avendo, ma desperati dela loro salute, la dona sua como è uxanza de le bisognante oneste e fragilose done, se maritò, et saputo per noi a certa novela del vivente marito, subito se rinchiuxe in uno onesto monasterio per dechiarire la sua mente eser intiera e casta, lasando la copula del non vero marito, la quale cosa è da lodare, e non secondo il corso naturale; ser Alvi[28 r.]xe di Nassi, penexe, ser Andrea de Piero, marinaro, ser Nicolò de Trato, mariner, ser Nicolò Querini fameglio ançi bailla e sostegno del dito quondam patrone, uno altro Urialo Anixo Lapello, li qual tornareno dali loro voti fati in Veniexia da dì 4 a dì 25 de zenaro 1432, i quali rectificano zirca questo asserto tute le cosse narate et confusamente inserte per mi Antonio di Corado antiscripto. Finis.

Per mi Anthonio Victuri quondam misier Andrea fo acopiato e scriptto a dì 8 otobre 1480 in Veniexia in la contrada de san Simion apostollo.

Referamus gratia Cristo.

Glossario dei termini marinareschi*

Alboro o *arbaro*: fusto di legno o acciaio che serve a reggere la velatura, o a sostenere mezzi di imbarco e sbarco dei carichi, e mezzi di segnalazione, oltre che elementi dell'attrezzatura bellica. Gli alberi prendono nomi diversi secondo la posizione che occupano, e cioè, da prua a poppa, *a. di trinchetto*, *a. di maestra* o *maestro*, *a. di mezzana*; un albero è anche il *bompresso*, esso pure in tre parti, che, a differenza degli altri, ha posizione quasi orizzontale, sporgendo fuori dalla prua. Saldamente incastrati alla base, sono inoltre sostenuti da cavi (*manovre fisse* o *dormienti*) disposti, rispetto alla nave, trasversalmente (*sartie* e *paterazzi*) e longitudinalmente (*stralli*).

* Definizioni e toponimi moderni tratti da Enrico Falqui, Angelico Prati, *Dizionario di marina medievale e moderno*, Roma, Reale Accademia d'Italia, Tipografia del Senato, 1937; Giuseppe Boerio, *Dizionario del dialetto veneziano. Terza edizione aumentata e corretta*, Venezia, Reale Tipografia di Giovanni Cecchini, 1867; Carlo Battisti, Giovanni Alessio, *DEI: Dizionario Etimologico Italiano*, 5 voll., Firenze, G. Barbera, 1957; *Treccani.it – Enciclopedie on line, Istituto dell'Enciclopedia Italiana; TLIO, Tesoro della lingua italiana delle origini,* a cura di Lino Leonardi, pubblicazione on line a partire dal 1997 e consultabile all'url http://tlio.ovi.cnr.it/TLIO; Francesco Sabatini, Vittorio Coletti, *DISC, Dizionario italiano Sabatini Coletti*, Firenze, Giunti, 2008, versione online http://dizionari.corriere.it/dizionario_italiano; Annalisa Conterio, *Pietro di Versi: Raxion de' marineri*, Venezia, Comitato per la pubblicazione delle fonti relative alla storia di Venezia, 1991; Giovanni Manzini, *Quaderno di bordo di Giovanni Manzini prete-notaio e cancelliere, 1471-1484*, a cura di Lucia Greco, Venezia, Comitato per la pubblicazione delle fonti relative alla storia di Venezia, 1997; *Lettere di Vincenzo Priuli capitano delle galee di Fiandra al doge di Venezia, 1521-1523*, a cura di Francesca Ortalli e Bianca Lanfranchi Strina, Venezia, Comitato per la pubblicazione delle fonti relative alla storia di Venezia, 2005; *Giovanni Foscari, Viaggi di Fiandra 1463-1464 e 1467-1468*, a cura di Stefania Montemezzo, Venezia, La Malcontenta, 2012; Edmund McClure, *British place-names in Their Historical Setting*, London, Society for Promoting Christian Knowledge, 1910; Angelo Nicolini, *Commercio marittimo genovese in Inghilterra nel Medioevo (1280-1495)*, in «Atti della società ligure di storia patria», n.s., XLVII/I (2007), pp. 215-327; *Mappamondo di Fra' Mauro* visibile al link https://marciana.venezia.sbn.it/la-biblioteca/il-patrimonio/patrimonio-librario/il-mappamondo-di-fra-mauro; Simone Stratico, *Vocabolario di marina in tre lingue. Tomo Primo. Italiano, Francese, Inglese*, Milano, Nardini, 1813; Raffaele Settembrini, *A Nautical and Technical Dictionary of the English and Italian Languages*, Napoli, A. Morano, 1879; Giovanni Battista Ramusio, *Navigazioni e Viaggi*, a cura di Marica Milanesi, vol. IV, Torino, Einaudi, 1983, pp. 51-98; Francesco Corazzini, *Vocabolario nautico italiano*, vol. VII, Bologna, Tip. P. Cuppini, 1907 (consultato per la voce «timone»).

Ancora: organo di ferro o di acciaio destinato a dare solido attracco agli ormeggi di un galleggiante facendo presa sul fondo.

Andare (Gir) alla traversa: navigare con il vento perpendicolare alla nave.

Andare a posta: poggiare, cioè dirigere un bastimento facendo in modo di allontanare la prora dalla direzione del vento, per riceverlo con angolo più favorevole al cammino o per schivare un ostacolo sopravvento.

Antenna: lunga asta di legno a cui si allaccia il lato superiore di una vela latina (triangolare) e che viene alzata sull'albero in posizione inclinata verso poppa.

Aplicar: accostare.

Apozare: v. *andare a posta*.

Argana: argano, apparecchio che serve a esercitare elevati sforzi di trazione per sollevare o trascinare carichi.

Arguola: veneziano antico per “argola”, barra del timone.

Armizar: ormeggiare.

Asta de la nave: palo cilindrico, generalmente di legno, leggermente rastremato in alto, con varie funzioni nell'attrezzatura della nave; qui probabilmente si intende l'asta di poppa, uno dei pezzi principali di una nave che si dispone quasi verticalmente sull'estremità posteriore della chiglia, e forma il sostegno di tutta la poppa della nave.

Banda o *bando*: ciascuno dei due lati della nave.

Batiola: battagliola, ringhiera, formata da aste verticali metalliche, fisse o smontabili, e da aste orizzontali o catenelle, disposta all'orlo dei ponti scoperti delle navi.

Bato: barca da remi.

Bonaza: bonaccia, calma di vento e di mare.

Bonpresso: quarto albero della nave e il più avanzato sopra la ruota di prua. V. *alboro*.

Bosolo: bussola.

Cancara, pl. *cancare* o *cancri*: agugliotto e femminella del timone, che sono i cardini con cui il timone è collegato alla poppa.

Carena: tutta la parte al di sotto dell'imbarcazione, dalla colomba fino alla linea dell'acqua; *porre a c.* o *carenar* significa mettere la nave in secco per operazioni di pulitura o manutenzione.

Castelo da pope: castello di poppa, ponte parziale sopraelevato al ponte di coperta.

Cavo (dim. *Cavezo*): corda, fune.

Cazar el vento: dare la caccia al vento.

Coca: nave a remi e vela di origine nordica diffusa in Spagna e a Venezia nel XIII secolo con elementi innovatori come l'albero di maestra a vela latina composto in due fusi saldamente legati tra loro. I rematori erano in numero di venti per ogni fiancata. La cocca veneziana era prevalentemente una nave mercantile che ebbe un ruolo fondamentale nei traffici con l'Oriente.

Cola: continuazione di un vento che dura senza mutare per più giorni.

Colomba: chiglia della nave.

Comesura: commessura, linea dove combaciano strettamente due pezzi di legno o di altra materia.
Conserva: v. *Navigare di conserva.*
Contra timone: controtimone, pinna fissa, piana o curva, disposta a proravia del timone, per rinforzarne l'azione.
Corba: quinto, cioè ciascuna delle coste principali del bastimento in legno che si piantano sulla chiglia per disegnare il garbo generale e compiuto dell'ossatura.
Corbame o *corvame*: ossatura di un bastimento.
Costrado: costrato, ciascuno dei portelli di legno con i quali si chiudono alcune aperture nel suolo del corridoio, che danno accesso ai depositi.
Coverta: coperta, il ponte principale, generalmente scoperto, che si estende da prora a poppa.
Falca, pl. *falche*: falchetta, bordo superiore dello scafo dove si ricavano gli scalmi per i remi.
Forcame: l'insieme dei forcacci, cioè i madieri estremi della poppa, ossature che poggiano direttamente sulla chiglia.
Frascone: ciascuno dei grossi paranchi che si tengono pronti, legati alle sartie, per eventuali necessità.
Fusta: piccola galea sottile.
Gabaneto: dim. di *gabbano*, largo cappotto di panno grossolano adoperato da marinai e pescatori.
Griparia: grippo, bastimento da vettovaglie e da commercio.
Inalborare: inalberare, innalzare sull'albero della nave.
Ingallonarsi: sbandarsi
Maieri: da *madiere*, pl. *madieri*, nelle navi di legno, pezzo centrale delle ossature del primo ordine, che appoggia direttamente sulla chiglia, più robusto degli altri scalmi (cioè i pezzi che costituiscono le coste della nave).
Maistro: v. *alboro*
Mascoli (del timone): gangheri e ferri prolungati che servono per tenere in bilico il timone.
Meio, pl. *melia* o *miglia* o *mia*: unità di misura corrispondente a 1738,674 m. Il *miglio latino* equivaleva invece a 1000 passi, cioè a circa 1480 m.
Mexa o *messa*: l'insieme delle vivande.
Navigare di conserva: navigare in gruppo.
Nochier: nostromo, maestro dell'equipaggio, ossia colui che comanda alla ciurma e soprintende agli attrezzi.
Omo de conseio o *omo de consiglio*: ufficiale esperto nella tecnica della navigazione.
Pasa o *passa*: misura di lunghezza equivalente a 1,67 m.
Patrone: padrone di un bastimento o di un carico.
Patronizzare o aver *patronia*: aver titolo di proprietà o sul bastimento o sul carico.
Pedota: pilota, colui che governa la nave.
Pegola: pece.

Penexe: marinaio che è responsabile della stiva della nave.
Penone: asta di legno più grossa nel mezzo e meno ai lati che sta attraverso gli alberi della nave e a cui si attaccano sopra e sotto le vele.
Pope, pupa: poppa della nave; navigare *in p.* significa navigare nella stessa direzione in cui soffia il vento, e quindi con vento favorevole.
Proda o *prova*: prua della nave.
Provieri: prodieri, marinai che lavoravano a prua.
Rifrescar: refrescare, affrescare, detto del vento quando comincia a soffiare con maggior forza.
Quartiere: ognuna delle tre parti in cui si considera divisa longitudinalmente la nave e la sua velatura.
Sartie, sing. *sartia*: corde che legano le vele alle antenne.
Scandaio: scandaglio, apparecchio per misurare la profondità del mare e per riconoscere la natura del fondo.
Schermo: scalmo, caviglia a cui viene legato il remo in un battello o in una scialuppa.
Schiffo o *schifo*: grossa imbarcazione adoperata dall'equipaggio al servizio di una nave mercantile, come canotto.
Scrivano o *scrivanelo*: secondo ufficiale sui piccoli mercantili, funzionario semipubblico che redigeva le note di carico delle navi.
Sentina: su una nave, la parte più bassa e interna, che raccoglie le acque di scolo.
Sescalco: ufficiale di nave addetto alla distribuzione del rancio e al controllo delle scorte alimentari.
Sevo: sego, cioè grasso di animali per la lubrificazione e la manutenzione.
Sopravento o *soravento*: sopravvento, spazio che si trova dalla parte dalla quale proviene il vento; se quindi la nave è sopravvento, significa che essa si trova in posizione vantaggiosa; quando il vento soffia di fianco, il lato della nave esposto al vento si chiama lato o banda di sopravvento, e tale qualifica si dà anche a tutti gli oggetti di quel lato.
Sotovento: sottovento, opposto del sopravvento; navigare sottovento significa navigare dalla parte di sottovento rispetto ad altra nave o a un punto della costa.
Spedegare: spedicare, andar fuori rotta
Straforzare: straorzare, accostare bruscamente nella direzione del vento.
Taia: taglia, bozzello quadruplo, cioè una carrucola a cassa parallelepipeda, con quattro pulegge, o rotelle, rotanti sul medesimo perno.
Timone o *timone de la latina* o *timone latino*: la barra che serve per modificare o conservare la direzione di un'imbarcazione; le navi latine avevano due timoni laterali, quindi il timone latino è il doppio timone.
Timonieri, sing. *Timoniere*, chi governa il timone.
Tortiza o *tortiça*: tortizza, fune attaccata all'albero maestro, ultima alla prora, impiegata per costiera e per inalberare e disalberare.
Travagliare: di bastimento che trova difficoltà a navigare per condizioni avverse di mare e di vento che "tormentano" la resistenza del materiale.

Indice dei nomi di persona e di luogo*

Alvise di Nassi, 17, 66, 87
Andrea de Piero, 17, 87

Balcani, 7
Baltico, 10
Barbaria, 40
Basilea, 66
Bembo, Pietro, 24
Bergen (*Burgis*, *Burgi*, *Berma*, *Vergis*), 10, 15, 57, 59, 60, 85
Bourgneufen-Retz (*Baglia*, baia di), 71
Bragadin, Gerolamo, 10, 65, 66
Bruges, 10, 26
Buia, 26
Bullo, Carlo, 8, 33

Cabo de Finisterre, 41
Cabo de São Vicente, 40
Cadice (*Cadef*), 15, 40
Cambridge (*Cambris*), 11, 16, 65
Canarie, 15, 40
Candia (*Creta*), 14, 25, 39, 65, 71
Cape Kerry (*Cavo Chierra*), 71
Capo Nord, 59
Cappellari, Girolamo Alessandro, 13
Cappello, Vettor, 10 26, 65
Caracausi, Andrea, 9
Cardini, Antonio di Corrado, 8, 16, 18, 19, 71, 87
Carlieri, Bernardo, 17, 87
Colombo, Cristoforo, 12
Corrado de Lione, 86

da Mula, Alvise, 11
Dal Borgo, Michela, 7, 14
Danimarca (*Dazia*, *Datia*), 63, 78, 83, 85, 86
de' Barbari, Jacopo, 8
Donattini, Massimo, 11
Donazzolo, Pietro, 8
Dossena, Giampaolo, 9, 33
Doumerc, Bernard, 14

Fabris, Otello, 33
Fasting, Kåre, 9, 33
Fiandre, 13, 15, 23, 39, 41, 61, 71
Fioravante, Cristofalo, 8, 14, 15, 16, 17, 18, 19, 24, 25, 26, 29, 31, 71, 86
Firrao, Marco, 33
Flamini, Francesco, 19, 20
Francia, 15

Genova, 15
Germania, 16, 57, 60, 61, 63, 64, 66, 82, 86
Giliberto, Franco, 9, 33
Girardo Dal Vin, 64, 82
Göteborg, 14, 16
Gradenigo, Pietro, 17, 65, 66
Greco, Lucia, 10

* Con riferimento a città e regioni, si è scelto di adottare generalmente la forma moderna, inserendo fra parentesi la forma dell'epoca che si trova nel manoscritto per i casi meno noti al lettore.

Gullino, Giuseppe, 7

Inghilterra, 16, 57, 61, 63, 64, 86
Irlanda, 46, 48, 71
Islote de Sancti Petri (*Basa de santo Pietro*), 40
Isole Scilly, 23, 41

King's Lynn (*Lilia*, *Lila*), 64, 65

Larivière de, Claire Judde, 8, 10, 16, 19, 33
Lisbona, 41
Lödöse (*Lodese*, *Lodexa*), 16, 63, 64, 86
Lofoten, 8, 11
Londra, 10, 58, 64, 65, 66

Mafio di Zuan Franco, 64
Magellano, Ferdinando, 8
Marghera, 76
Márquez, Gabriel García, 9
Mediterraneo, 10
Milanesi, Marica, 9, 14, 24
Montemezzo, Stefania, 14
Muros, 11, 41

Nelli, Paolo, 14, 33
Nicolò da Otranto, 17, 66, 82, 87
Nicolò de' Michiele, 8, 14, 15, 16, 17, 19, 24, 25, 26, 29, 31, 64, 71, 74, 86
Norvegia, 8, 13, 14, 15, 57, 59, 61, 62, 63, 78, 83, 85

Olanda, 63
Olavo, Santo, 11, 61, 62, 85
Ouessant (*Osanti*, isola di), 71

Pigafetta, Antonio, 8
Piovan, Giuliano, 9, 33
Pluda, Angela, 9
Prussia, 57

Querini, Andrea 66
Querini, Francesco 17, 56, 65, 87
Querini, Nicolò, 66, 87
Querini, Pietro, 8, 9, 10, 11, 12, 13, 14, 15, 16, 17, 20, 23, 26, 28, 29, 31, 39, 67, 71, 83, 86

Ramusio, Giovan Battista, 8, 9, 11, 12, 13, 14, 17., 21, 23, 24, 25, 26, 27, 28, 29, 31, 32, 33
Rens: Reims, Francia, 61
Roma, 86
Røst (*Rusente*, *Rusentte*, *Rusante*, isola di), 15, 81, 82, 83, 85
Rostock (*Istor*, *Storich*), 63, 86
Russia, 7

Sandøy (*Santi*), 78
Santa Brigida, monastero, 16, 62, 63
Santiago de Compostela, 11, 15, 41
Scilli (*Sarlenge*, isola di), 41
Scozia, 57, 63
Sluis, 71
Sosnowski, Roman, 19
Spagna, 40
Spagnol, Mario, 9, 33
Stegeborg (*Sanginborgo*, *Stintinborgo*), 21, 62, 85, 86
Stocchi, Manlio Pastore, 13
Svalduz, Elena, 17
Svezia, 7, 14, 61, 63, 83, 85

Tenenti, Alberto, 14
Trondheim (*Trendon*, *Tronto*), 11, 15, 61, 85
Tucci, Ugo, 14

Vadstena (*Vastena*), 10, 16, 62, 63, 85, 86
Venezia, 7, 8, 9, 15, 16, 21, 23, 39, 40, 65, 66, 76, 86, 87
Vergari, Andrea, 33
Vitturi, Antonio, 18, 19
Vitturi, Antonio, 87

Zeno, Piero, 66
Zorzanello, Giulio, 13, 18
Zorzanello, Pietro, 13, 18
Zuan di Marcanova, 65
Zuan Franco, 16, 61, 62, 63, 64, 85

Finito di stampare
nel mese di febbraio 2019
da Logo srl
Borgoricco (PD)